justify your

emotio

你的情绪

法律出版社

《管理你的情绪》
原中文繁体版书名：《情绪：教你做好情绪管理的一本书》

著作权合同登记号
图字：01-2010-4450

前言

虽然情绪是与生俱来的，但是，恰当地管理好自己的情绪却是后天学习的结果。美国著名投资家沃伦·巴菲特在谈到自己成功的原因时说，他的成功并不是因为高智商，而是对情绪和理性的控制力。

善于管理情绪可以推动人的各种活动，使我们有一个积极进取的人生。比如，勇敢、自信、愉快、感激、同情、安稳、关怀和被爱等令人心情舒畅的感受。

我们的生命中，不可避免地也要产生令人不快的情绪，比如愤怒、怨恨、急躁、不满、忧郁、痛苦、失意、焦虑、恐惧、嫉妒、羞愧、内疚等。假如不快情绪经常出现而且持续不断，就会对个人产生负面的影响，如影响身心健康、人际关系和职业前途等。

情绪会影响人的健康。在现实生活中，我们的行为经常是伴随着情绪反应而产生的，有时我们会感到自己不能够控制自己突如其来的情绪，经常就会表现出冲动、急躁、焦虑甚至抑郁等现象。苦恼和消极的情绪会给人以负面的影响，诱发各种各样的疾病，使原有的病情加重。现代医学认为良好的情绪可以使机体生理机能处于最好的状态，并且使免疫抗病系统能够发挥到最大效应，抗拒疾病的袭击。躯体本身就是良医，85%的疾病能够自我控制。现代医学证明，如果一个人常在苦闷、压抑、生气的情绪下生活，会降低机体的抵抗力。如果机体的抵抗力太差的话，那么则会引起很多的疾病，加快人体的衰老进程。

情绪会影响人的交际。情绪具有一种化学作用，在人与人交往中，不同的情绪交织在一起，会产生不同的影响。若彼此交往中充满仇恨、嫉妒、自私、傲慢等情绪，就会令人不寒而栗、退避三舍。反之，若人际关系中多一些爱，多一点宽容和体谅，这样交往的群体会迸发出无比的感染力。

情绪会影响人的职业。一个人稳定的情绪是事业成功所必要的条件——这就是为何现在人们特别注意培养“情商”(EQ)的原因。一个人能不能把握和控制住自己的情绪，这往往是决定一个人事业的得失成败以至人生命运很重要的一点。各种成功之士的经验也证明，职场成功的关键就是管理和控制自己情绪的能力。当情绪来临的时候，一个成熟的对自己的情绪有充分感知和识别能力的人，应当学会坦然地接受这些情绪，从而驾驭它，而不是被其控制或是盲目地找各种解释为自己的行为找到懈怠的理由。

因此，在竞争加剧、压力倍增的现实环境下，我们一定要学会管理好自己的情绪，修身养性以求身心健康；管理好自己的情绪，从而在人际交往中如鱼得水；管理好自己的情绪，以便在职业生涯中顺风顺水。

线之一章
LINE ONE

揭开情绪的面纱

线之二章
LINE TWO

不良情绪面面观

线之三章
LINE THREE

修身立世中的情绪管理

线之四章 LINE FOUR

人际交往中的情绪管理

LINE FIVE 线之五章

职业生涯中的情绪管理

[redacted]

线 之一章

LINE ONE

揭开 情绪的 面纱

6

现实生活中总有令人不解的一面，为什么一些智力平常的人往往表现非凡，而有些“聪明人”却过着平庸的日子呢？到底是什么因素在左右着人的一生？一直缠绕着我们的人生之结究竟是什么？多少年来，中外学者不遗余力地进行着解惑。今天，现代科学终于揭开了这一神秘面纱，并逐步地认识了它——人的情绪。

一、纷繁复杂说情绪

首先，我们来看看词语中情绪的解释到底是什么。

《牛津英语字典》:情绪是心灵、感觉或感情的激动或骚动，泛指任何激越或兴奋的心理状态。

《EQ 情商》：情绪是指感觉及其特有的思想、生理与心理的状态及相关的行为倾向。

也就是说，当我们的生理或精神上受到外来刺激时，会引起种种的心理反应，这些反应即为情绪。比如，“一朝被蛇咬，十年怕井绳”即属于一种恐惧的情绪。

情绪是一种主观体验。喜、怒、哀、惧等主观感受，不同的人对同样的事物，可能是很不同的。

八十岁的奶奶、四十五岁的妈妈、十六岁的儿子、六岁

的亲戚家小妹妹正在一起看电视，屏幕上迈克·杰克逊正在大展舞技。主角和配角都跳得热火朝天，杰克逊更是唱得专注认真。

那家人们的反应呢？

八十岁的奶奶："这到底是什么东西，又唱又跳的，还不如京剧来得好听呢。"（厌恶,看了几分钟就独自去找收音机了）

四十五岁的妈妈："看看这是什么啊，动作这么开放。还有暴力画面，孩子看了还能有什么好。"（担忧，拿起遥控器要换台）

十六岁的儿子："嘿，妈妈，你可别动，这一切可真棒！他可是我的偶像，我要是有一点能像他这样就好了。"（兴奋，随着电视上的节奏手舞足蹈）

六岁的小妹妹："电视上那个怪物可真吓人，那么大的嘴巴，那么亮的牙齿，我再也不想看了。"（恐惧，大哭起来）

同一个人在不同的时间、地点和条件下对同样的事物也有很大的情绪变化。即使同属一种主观感受，比如"怒"——每个人感到的"怒"可能不同，甚至同一个人每次感受到的"怒"也很不相同。有的人"愤怒"时候可能仅仅是觉得委屈，想想就算了；可有的人的"愤怒"却足以促使他去杀人。

喜、怒、哀、乐等主观感受统称为情绪体验。任何一种情感都具有情感体验。并不是每一种情绪都会导致行为的产生。有的情绪可能只有内心的感受而无明显的行为表现。特别是由于人们透过学习，对情绪的表现具有自我控制能力后，许多情绪往往不表现在明显的外部行为上。情绪在行为上的表现称为情绪行为（或表情）。

一定的情绪状态总伴有内脏器官、内分泌腺或神经系统的生理变化，例如表现为血压升高或降低，呼吸加快或变慢，胃肠运动加强或减弱，瞳孔扩大或缩小等由神经系统变化所引起的生理反应。这也就是为什么当我们愤怒或者悲伤的时候，通常就会感到身体也随之变得很不舒服的原因。

有关情绪的分类，有很多种说法。在佛教文化中提到的“七情六欲”中的“七情”——“喜、怒、忧、思、悲、恐、惊”即是比较朴素的情绪的分类。有七情六欲干扰的人，总免不了被世间俗事所累，所以佛教中总讲究要“放下”，要“超脱”，只有这样才能真正走出俗世。

美国心理学家普拉切克提出了 8 种基本情绪：愤怒、悲伤、恐惧、快乐、爱意、惊讶、厌恶、羞耻。每一类可再细分为 4 种强弱不等的情绪：

(1) 愤怒（不平则鸣）：委屈，生气，敌意，憎恨；
(2) 悲伤（顾影自怜）：沮丧，抑郁，绝望，痛苦；
(3) 恐惧（束手无策）：紧张，担心，迷惑，慌乱；
(4) 快乐（如释重负）：轻松，满足，得意，兴奋；
(5) 爱意（柔情万种）：友善，信赖，亲密，痴心；
(6) 惊讶（料想不到）：好奇，有趣，震惊，骇异；
(7) 厌恶（芒刺在背）：不悦，排拒，轻蔑，弃绝；
(8) 羞耻（自惭形秽）：懊恼，难堪，自怜，愧疚。

可见，情绪是多么的复杂，不仅类别很多，而且强弱不同还各有千秋。仅有情绪不能引起行为，只是在人的内心世界里自生自灭。关键就在于，情绪一般总是由某种刺激，比如自然环境、社会环境以及他人的刺激引起的，而情绪的不稳定性和易变性又很有可能会引起行为。

总的来说，情绪就是一种较强的情感反应，带有很大的波动性，并有明显的外在表现。不同的情绪会引起人体内部不同的生理变化，对人体机能产生不同的影响，从而影响到人的健康。当然，情绪不仅与健康有关，还和一个人的成功与否有关。成功的人大多善于管理自己的情绪，他们知道自己在什么时候应该表现出什么样的情绪。

二、别忽视情绪的力量

无论做什么事情，只有当你认识到它的重要性时才有可能把它做好。要管理好情绪，亦同此理。情绪是人类历史上最被忽视、研究最少的题目之一。在1990年以前，你几乎无法在书店中找到一本关于情绪的书。20世纪90年代，科学家才开始对这个题目感兴趣。1995年，随着丹尼尔·格尔曼写出《EQ》一书，人们才开始广泛关注情绪。情绪之所以重要，可从以下几个方面得知：

我们一生所追求的其实都是一种情绪感觉

好好想想，到底什么是你真正想要的？或许，你希望环游世界？你希望有个幸福美满的家庭？你希望赚很多钱、买漂亮的汽车、豪华的别墅？你希望成为爱因斯坦式的大科学家？你希望成为受万人追捧的明星？不管你心里的愿望是什么，你是否想过这个问题——为什么我会有这些愿望？事实上，不管你有什么愿望，你最终追求的其实都是一种美好的感受、快乐的感觉。例如，你想买一辆漂亮的汽车，难道不是因为它能给你带来成就感和满足感吗？你想要一个美满的家庭，难道不是因为它能给你带来幸福与温暖的感觉吗？可见我们一生所追求的其实都是一种情绪感觉。知道这一点有何重要之处呢？让我们举例来说明，你每天拼命工作，想赚很多钱，想买好车、大房子，其实你真正想要的是赚到很多钱后的那种成就感、满足感，对吗？也就是说，钱、车、房只是为达到成就感、满足感的工具而非最终目的。

但是，你想过没有，为了达到某一目的的工具或手段，难道就只有一种吗？难道只有不断地赚钱才能让你有成就感吗？你将脏乱的房间打扫得干干净净，不会有一些成就感吗？你尽最大努力做了一顿好菜，不会有成就感吗？你战胜了自己去迎接一个挑战，不会有成就感吗？你发自内心去帮助别人走出困境，不会有成就感吗？许多人由于没有弄清楚“最终目的”和“工具”这两者间的差异，常常将心力放在那些并非自己真正想要的工具上。今天社会中的很多问题都是因为大家每天忙忙碌碌，根本不知道生命中真正对他们重要的东西是什么，于是你会看到，很多人在成功之后依然空虚地感叹：“人活着究竟是为了什么呢？”

情绪是行为的推动力，一切行为的改变都必须先从自己的感受开始改变

情绪之所以重要，是因为我们日常的行为是受着情绪的

推动。这个道理很简单。在不同的情绪状态时会有不同的行为，当你在自信时会与自卑时的行为不同，在平静时会和冲动时的行为不同，在沮丧时会和兴奋时的行为不同，在大多数情况下,不同的行为会导致不同的结果。全世界每天都有人自杀，许多人自杀是因为受到绝望的情绪推动。如果能够改变绝望的情绪，就不会有那么多人丧命。

我们都曾有过万事顺意的时光，有时一大早起来就觉得神清气爽、精神饱满，对一切都胸有成竹，平日里棘手的工作也觉得得心应手,你微笑地面对周围的人。热情地投入生活，总之，你觉得一切都是那么美好。但是我们也有过完全相反的经历，有时感到莫名其妙的心情低落，被巨大的忧虑所包围，你无精打采，面对一大堆待办的事，却怎么也提不起精神，什么也不想做。平时做起来易如反掌的事，当时却感到举步维艰，有时竟然叫不出一位熟悉朋友的名字，或者突然忘掉一个字该怎么写，你觉得整个生活都是灰色的。有时，你自信、坚强、果断、快乐、兴奋、有激情。有时，你却忧虑、沮丧、恐惧、悲伤。

这到底是怎么啦？差别就在于我们处于不同的情绪状态。很少有人真正意识到，我们的成就有时并不取决于我们的能力。而是取决于我们当时所处的状态。正如你所知道的，所有成功者的共通点并非是他们的技能，而是他们能够持久地处于自信、积极、兴奋、热情、精力充沛的状态。你可以有爱因斯坦的聪明才智，有爱迪生的卓越智慧，有迈克·乔丹的绝佳球技，但如果你一直处于“消沉”的状态的话，就别想有发挥自身无穷潜能的机会。如果把你所具备的能力比喻成水流的话，那么状态就是水龙头，如果水龙头处于关闭状态，那么就绝不会有水流出；同理，如果没有状态，那么再好的能力都无从发挥；水流量的大小在很大程度上取决于水龙头的开启程度。同理，能力的大小在很大程度上也取决于状态的好坏。

情绪的重要性还体现在它不仅会影响你的行为，还会影响你的健康

人有七情六欲,项项事关健康。发表在《国际心理生理学》杂志的研究文章称，生气之后的一周，只要想到争论这件事，血压还会升高。所以不管是曾怒火万丈也好，或是小小的挫折也好，最好尽快忘掉它！

美国俄亥俄州立大学研究人员给已婚夫妇的手臂上安装上能产生水泡的抽气装置进行测试，当他们被问及曾有不同意见并激烈争吵过的问题时，伤口比正常情况下的康复速度慢了百分之四十，这一反应是由会引起感染的免疫细胞因子突然增多所致。如果该细胞因子水平长期偏高就会导致关节炎、糖尿病、心脏病和癌症。

事实上,以下 10 种情绪行为直接对健康产生不同的影响。

●坠入爱河时

意大利帕维亚大学的研究人员发现，坠入爱河会使人一年内神经生长因子水平处于增高状态。这一类似激素的物质会刺激新的脑细胞生长，有助于神经系统的恢复并增进记忆力。同时，由于恋爱中“被爱”的满足感会使身体和思想处于镇定状态。不幸的是，研究人员发现恋爱一年后神经生长因子水平会出现回落——那时恋爱中罗曼蒂克的感觉会不复存在，人又重回现实之中。

●面对压力时

连续处于压力之下时，会出现慢性压抑现象。史丹福大学生物科学教授罗伯特·萨波尔斯基形容，“处于打了就跑的压力之下时，人体会关闭所有的长期机制和恢复机能。人体内皮质醇水平长期偏高会使你的防御体系不再灵敏，记忆力和准确度都有所下降，对入侵物的警报也不再敏感，更易觉得累，人会变得抑郁沮丧，生殖能力下降。”如果常年处于慢性压抑之下，血液中葡萄糖和脂肪酸都会升高，患糖尿病和心脏病的风险自然也就大了。伦敦大学的最新研究成果还表明，压力还会使人体胆固醇水平上升，也会更易诱发心血管病。

●大笑失控时

加利福尼亚州立大学的科学家发现，发笑会放松人体的紧张肌肉，减轻压力引起的激素分泌、低血压现象，增加血液中的含氧量。马里兰大学医学中心的心血管专家们还证实笑声能使人卸去多余的压力，保护血管内壁，从而减轻心脏病发作的几率。当人哈哈大笑时，需要调动身体内超过 400 块肌肉，因而还能有效消耗热量。有些研究人员估计，大笑 100 次相当于 10 分钟划船和 15 分钟踩单车的有氧运动量。

●产生愤怒时

是尽情宣泄怒气呢，还是尽量压制怒火？两种方式都有不良影响，密歇根对此进行了长期研究。女性如果在对抗中压抑自己的怒气，其死于心脏病、中风或癌症的风险会高两倍。怒火爆发时只会持续几分钟，但由于肾上腺素水平突然大幅增高，血压升高、心率加快，对超过 50 岁的人来说突发心脏病或中风的几率会高出 5 倍。另外一些不明显的发怒症状，如急躁、牢骚等，也同样会损害健康，因免疫系统处于抑制状态而更易被传染疾病。

●潸然泪下时

哭泣的时候，确实释放了体内的不良情绪。美国生物化学家威廉·弗利博士将因动情而哭和因闻到洋葱味而落泪的负性做了比较，发现前者会伴随着压抑情绪分泌更多激素和神经传递素。弗利博士说，如果上述物质长期积存于体内，即总是忍住不哭的话，会使人处于不必要的紧张状态，身体会更易受焦虑等负面情绪的影响，包括免疫力变弱、记忆力变差和消化能力变弱等。

●感到嫉妒时

在人类的情感当中，嫉妒是最强烈也是最痛苦的一种，也最难控制。男人最典型的嫉妒就是当他们发现有情敌时，女人的嫉妒则往往在怀疑爱人背叛之时爆发。伦敦医学专家简·弗莱明博士表示，嫉妒是害怕、担心和愤怒等情感的混合体，这3种情感会使人一触即发，妒火燃烧的人通常会血压升高、心跳加快、肾上腺素分泌增多、免疫力变弱、焦虑甚至失眠。

●触摸接触时

美国加利福尼亚大学洛杉矶分校精神病学教授海拉·卡斯博士表示,人体脑下垂体后叶会分泌一种被称为“粘合荷尔蒙”的物质，会使爱人之间有抚摸和拥抱的欲望，上述动作也会刺激体内修复细胞分泌一种抗衰老、抗压抑的激素。其他形式的触摸，如按摩等，也被证实有助于身体恢复。纽约哥伦比亚长老会医院的默海特·奥克斯博士对那些进行开胸手术和心脏移植的患者定期进行按摩治疗试验，结果证明康复时间大大缩短，术后并发症也大大减少。

●心存感激时

对生活中得到的东西要心存感激。美国哈特麦斯学院的罗琳·麦克拉提发现，类似爱、感激和满足这样的情感，会刺激脑下垂体后叶激素的分泌。她说，“该激素在人感到开放和忠实之时就会分泌，它会使神经系统放松，减轻压抑感，体内各组织的含氧量也会显著增加，就像经过了康复治疗一样”。人在心怀感激时，脑部和心脏也有同步电流活动产生，从而使相关器官的运转更加有效。

●心情沮丧时

当人处于沮丧、悲观和冷漠状态时，体内的复合胺和多巴胺都会偏低，而后两者正是大脑中让人感觉良好的神经传递素。简·弗莱明博士表示，“复合胺能调节人对疼痛的感知能力，这也是为何 45% 有沮丧倾向的病人会有种种疼痛不适感的原因。情绪低落同样也与睡眠不好、疲劳和性功能紊乱有关，由于复合胺还与人的欲望有关联，因此也与大脑化学物质分泌量较低有关。

三、如何对待情绪

现在，相信你已知晓了情绪的重要性，接下来，我们就来看看应该如何对待情绪才是正确有效的，才能够让我们更多地享受到人生的快乐。在现实生活中，人们对待情绪的方式不外乎以下四种：

逃避

每个人都不想要那些令人痛苦的负面情绪，于是人们极力想避开它们，结果往往是连那些想得到的情绪也丢掉了。例如有的人害怕失望，于是他们会尽量避开那些可能会导致失望的事情，他们不敢发展人际关系、不敢接受挑战。他们也许能避免失望，但同时也失去了一个会使自己体验兴奋、关爱与满足的机会。而这些正是他们所渴望得到的情绪。对情绪采取逃避的办法只是一种权宜之计，这些人没有认识到，情绪是生命的源泉。如果没有喜怒哀乐这些情绪，生命就变得苍白无力。

否认

你经常会发现，有些人当他们处于负面情绪时不愿让别人知道,他们一般会这么说:“我觉得没什么呀,我觉得很好啊!”然而他们的心里却一直耿耿于怀，不断问自己：“为什么我老是这么倒霉？为什么老天如此不公？为什么别人要这样对待我？”如果一个人真的遇到了不愉快的事，该怎么办呢？只是隐瞒与漠视有用吗？漠视负面情绪不仅无济于事，反而会让自己更加痛苦，因为这股被你漠视的情绪，会不断在你的心里积聚、膨胀，总有一天它会如火山般爆发出来。

屈服

很多人认为情绪是无法选择的、无法控制的，所以他们总是沦为情绪的奴隶。你会发现，有很多人当他们不开心时会沉迷于各种麻醉剂。如吸毒、抽烟、喝酒、喝咖啡、镇定剂或安眠药。长期忍受不愉悦的情绪会导致更严重的结果。临床上已经证明，长期忍受诸如恐惧、屈辱、压力、不安、孤独等情绪，会引发高血压、溃疡、心脏病等。很多人在向负面情绪屈服后，还会故意渲染负面情绪的威力，比如你有时会听到有人这样讲：“别以为你能对付得了，它比你想得可难多了。”当他们说这个话时，似乎在炫耀。炫耀自己经历过了别人未曾经历的磨难。其实这是一种不负责任的、懦弱的、缺乏勇气的表现。常有此表现的人，就如掉入了深深的陷阱，若不自拔，则人生毁矣！

学习与应用

情绪是通往心灵的大门，它是我们内在世界的外在反映，我们确实可以从中学习到许多。如果你真想获得快乐，那么就得让情绪为你所用。我们内心的情感其实是一种工具。如果我们否认或忽略它们，我们就自己剥夺或放弃了一种强有力的、帮助我们学习与成长的工具。所以，从情绪中有所学习并积极地应用情绪才是对待情绪的正确方法。

著名的心理学家荣格说："若无情绪，黑暗就不可能成为光明，冷漠就不可能化为热情。"

情绪不分好坏，情绪就是情绪。每种情绪都有它的功能，这称为情绪的功能属性。负面情绪的背后隐藏着这样的信息：你现在的做法没有效果。其实负面情绪是一个行动信号，它是要督促你做出不同的更加积极的行动来。例如孤独感给你的行动信号可能是：你该多跟别人交往了，特别是要在心灵上的真诚互动。不然的话，即便有再多的朋友，仍会孤独。如果你有了心力交瘁的感觉，说明你应该好好反省一下了，要确定对你最重要的是什么，什么东西该被放弃。你之所以会心力交瘁，是因为你想一下子就完成很多事情。所以，日后请将负面情绪改称为"行动信号"，这样你就不会将它视作敌人，而是将它当作朋友、老师，让它助你迈向成功。

当我们否认或忽略了内心的真实情感，就等于自己剥夺或放弃了一种强有力的、可助我们学习与成长的工具。这种粗暴的行为，使你在自己的身体内部制造了分裂。你将一个完整的自我，分割成了互相矛盾的各部分。这种分裂会吞噬你的精力。如果你能意识到这一点而放弃这种无谓的争战，敞开心胸去接纳负面情绪，将它视为礼物来学习和应用，那么你的心灵就会开启，并释放出无穷潜能。

著名情绪管理大师、专栏作家哈理斯认为："不正确的思想导致不正确的情绪"。他研究的"情绪ABC理论"是：

A：情绪诱体。引发情绪产生的客观存在及事实就是情绪诱体。

B：情绪孕体。导致情绪的思想认识及观念理念就是情绪孕体。

C：情绪本体。情绪发生后的直接表现及后果就是情绪本体。

四、正确的思想导致健康的情绪

一般认为：情绪诱体直接导致了情绪本体。也就是说，喜事和好事就会引发人高兴和快乐；坏事和烦事就会引发人愤怒和悲哀。但这只是表面现象，把"情绪诱体"和"情绪本体"直接连接起来的人，就是我们所说的"肤浅的人"和"情绪化"的人。事实上，"情绪诱体"并不能直接产生"情绪本体"，"情绪诱体"只有透过"情绪孕体"才能产生"情绪本体"。有什么样的思想认识和观念，就会产生什么样的情绪，才是情绪问题的本质。

比如说：你和朋友去购物，营业员态度恶劣。"态度恶劣"一般会引起顾客的愤怒情绪，但事实上，你的朋友并未发怒，而你却发怒了。

你发怒的想法是：我掏钱购物，还要看你的脸、听你的恶言，这事我不干，有情绪给你老板发去，干嘛对我发泄？于是就和营业员吵起来了。你朋友不发怒的想法是：这个营业员没素质，和这种素质差的人计较，解决不了问题还说明自己也没素质，降低自己身份，还弄得一天不高兴——划不来。于是就不发怒了。

类似例子在工作和生活中很多。“横看成岭侧成峰，远近高低各不同”，说的是看问题的角度不同必然导致看问题的结论也不同。在这里，“看问题的角度”就是一种思想和认识、观念和理念。

比如：两个男人的妻子都在家里“红杏出墙”了，甚至把“摘红杏的人”引进家里“饱食红杏”。一个男人非常生气，认为妻子背叛了他，不能原谅、不能容忍，于是就打了两场战争：一是和“吃红杏的人”打了一场“买杏战”；一是和“做红杏的人”打了一场“卖杏战”。结果是把妻子打跑了。另一个就不这样，他认为妻子“红杏出墙”，确实不该、确实生气，但妻子之所以“红杏出墙”，说明自己平时对她关心太少、付出太少，自己应该多关心妻子、多爱护妻子。想到这里，他就不怎么生气了，而且付出行动，结果是什么呢？妻子感到了幸福快乐和满足，开始反思、开始改变，开始忠贞不渝地爱他了。

祸福也是如此。中国人认为，“祸”会让人产生悲哀和愤怒的情绪；“福”会让人产生高兴和快乐的情绪，但中国文化中的“塞翁失马、焉知祸福”一说，就是对“祸与福”的一种理性认识，也是关于“祸福转化”的一种思想，具有这种思想的人，“有祸的时候不因祸悲，有喜的时候不因福喜”，这样一来，情绪就会控制得非常好。这就足以证明，正确的思想导致健康的情绪；不正确的思想导致不健康的情绪。

五、不要让情绪失控

每个人都有自己的情绪，而情绪是一种很滑溜的东西，有时滑溜得让人捉摸不到，但是，不管怎么滑溜，你都要想办法将它捏得紧紧的。因为这关系到你能否在社会上游刃有余地生存。

有许多人能把情绪收放自如，这个时候，情绪已不仅是一种感情上的表达，而且成了攻防中使用的武器。有时候，掌控不住情绪，不管三七二十一乱发泄一通，结果搞得场面十分难堪。生活中，每个人都难免会碰到这种擦枪走火的状况。但是，聪明人有将不良的情绪马上收回来的本事。

在成功的路上，最大的敌人其实并不是缺少机会，或是资历浅薄，最大的敌人是缺乏对自己情绪的控制。愤怒时，不能制怒，使周围的合作者望而却步；消沉时，放纵自己的萎靡，把许多稍纵即逝的机会白白浪费。

Wendy 是纽约饭店的总监，记得有一年她在别家饭店开会时，最心爱的 LV 皮包和公文包竟被偷走了，所有的现金、证件与重要客户的数据都不见了，心情自是十分懊恼，欲哭无泪。

晚上回饭店工作前，她独自在办公室静坐了五分钟后，试着将自己沮丧的心情锁起来，换上一张笑脸赶去参加迈克 · 道格拉斯当天的影片庆功宴。当迈克 · 道格拉斯热情地亲着她的脸颊时说："嗨 !Wendy，你今天过得如何？"

Wendy 热情地回他一个灿烂如阳光般的笑容说："喔！非常好。好得不能再好！"这天的宴会非常成功，Wendy 也顺利地接触到更多的客户，认识了更多的朋友。

试想，如果那天她不能及时地调整情绪，继续沮丧下去，不赴这场宴会或者在宴会上不断地抱怨自己遇到的倒霉事，那将会造成多么恶劣的影响：错过了与客户接触的机会，也间接地影响了众人对饭店的印象。

工作在第一线的人员，如服务人员、客服人员、公司总机、销售人员、公交车售票员等，他们能不能将近日被男朋友抛弃的哀怨或今早与老婆吵架的怒气隐藏起来，给客户宜人亲切的笑容，将可能决定今天公司营业额的好坏。

在职场上不能控制情绪还有一个更直接的影响是：它将使你没有合作伙伴！而在这个讲究合作的社会里，没有合作伙伴就意味着你将一无所有。

有一位意大利籍的名厨十分情绪化，高兴起来可以又亲又抱，左一句甜心，右一句蜜糖，让人听了心里暖洋洋的。

但是千万别惹他发火。一旦发怒，30秒内他可以将英文的脏话全部骂过，意犹未尽，再加上很多意大利文的脏话，翻脸比翻书还快，搞得大家都对他畏惧三分。

他的脾气犹如一匹野马，完全无法控制，厨房的员工因受不了他的脾气。流动率很高，外场经理也因为难以和此主厨配合，换了又换。但是饭店的主管觉得他确实才气逼人，他做的菜客人吃过之后都赞不绝口，还会利用很普通的材料做出很多有新意的菜肴来，而且聪敏、肯拼、肯做。基于这些原因，主管还是睁一只眼闭一只眼，由他去了。

有一天，一位新来的服务生惹怒了主厨，主厨训斥他的时候。服务生居然也和他对骂起来了,厨房里顿时变得一团糟。更让人瞠目结舌的是，主厨居然拿出切肉的刀子要跟服务生拼命。这下事态严重了，主管只好开除了他。

一个优秀的大厨因为无法控制自己的情绪而丢了饭碗，这应该是他绝对没有想到的。上班族应该时刻提醒自己的是：没有人有责任或者义务来忍耐你！迁就你！随着企业规模的日益庞大，企业内部分工越来越细，任何人，不管他有多么优秀，想仅仅靠个体的力量来左右整个企业都是不可能的，没有人可以超然地出世而不与别人合作。大厨不克制自己的情绪随便乱发脾气，只会让周围的人对他敬而远之，无法真正地与他沟通，也就无法做到和谐地配合他。当公司里所有的人都与他配合不好，这当然就是大厨个人的原因，被公司开除自然也是情理之中的事情了。

约翰·米尔顿说："一个人如果能够控制自己的激情、欲望和恐惧，他就是国王。"

如果你是个成熟理智的人，如果你是个力求上进的人，如果你是个希望攀登事业高峰的人，那么，时刻记住：不要让你的情绪失控，管好你的情绪，不要让它随便撒野！

那么，你怎样才能控制自己的情绪，让每天充满幸福和欢乐呢？你就要学会这个千古永恒的秘诀：弱者任思绪控制行为，强者让行为控制思绪。每天清晨你醒来，当你被悲伤、自怜、失败的情绪包围时，你就这样与之对抗:沮丧时，你引吭高歌；悲伤时，你开怀大笑：病痛时，你加倍工作：恐惧时，你勇往直前；自卑时，你换上新装；不安时，你提高嗓音；穷困潦倒时，你想象未来的财富:力不从心时，你回想过去的成功:自轻自贱时，你注视自己的目标。

可以说，掌握情绪的人是智能型的人，是成熟的人，他们都有一些对不良情绪进行自我调控的非常有效的方法：

自我安慰法

这是掌握情绪的人的显著标志。他们在情绪不好的时候，往往采用此法，不用人们的劝说和解释，更不用去看心理医生。大多数人都有这样的体会：遇到什么烦心事儿，别人不劝的时候，并不会再引起情绪波动，当别人劝说的时候，反倒情绪更加波动，倒叫他生出许多的新的情绪来，东拉西扯的，又链接出很多的枯枝烂节。其实，自己安慰自己倒是一种情绪调控的明智之举。

现实生活中，我们常看到这样的情形：两个人在大街上因为一点小事吵了起来，本来可以彼此道歉，心平气和，一笑了之。可是围观的人中就有不怕事儿大的，好像是在劝说："算了吧，看你的小样，你也打不过他，吃点儿亏算了，吃亏是福。""我看这事不是你的错，看你长得膀大腰圆，怎么好像有些怕他？"于是围观的人就会看到火上浇油的效果，两个人的情绪都被调动起来……如果两个人有一个人能后退一步，安慰自己：谁还不会犯个错；有什么大不了的……那就会息事宁人，皆大欢喜。

语言暗示法

无论自己的情绪如何激动，把握情绪的适当程度就显得非常重要。这时，明智的人会在心里暗暗给自己打气：情绪过激会影响自己的工作、影响自己的为人；暴怒会产生不良的后果；得意忘形会有损身份等。应该"战略上要藐视，战术上要重视"。这其中的实质性问题便是，找到暴怒的放气阀，而不是随便扎破暴怒的气囊。让怒气慢慢地泄掉，而不是像爆破了的气球"粉身碎骨"。

环境变换法

环境对人的情绪、情感有着重要的影响力和制约作用。因此，变换一下环境能起到调控情绪的作用。当你情绪激动的时候，扭身走人，换个环境，就会产生意想不到的效果。俗话说，眼不见心不烦，道理就在这儿。

运动驱赶法

情绪会在人的运动中自然消失或衰退。当你情绪不好的时候，去户外慢跑或散步等，或许会使你的心情慢慢舒展，继而变得心情舒畅起来，不好的情绪被驱赶掉或大部分被驱赶掉。

32

线之二章

LINE TWO

不良情绪面面观

我们每个人都希望自己的情绪处于一种良性状态。那么，什么是不良情绪呢？不良情绪主要包括两种情绪体验形式：一种是持久性的消极情绪体验，它是指在引起悲、忧、恐、惊、怒、躁等消极情绪的因素消失之后，主体仍数日、数周甚至数月沉浸在消极状态中，不能自拔；另一种是过度性的情绪体验，它是指心理体验过分强烈，超出了一定限度，如狂喜、过分激动等。持久性的消极情绪体验和过度性的情绪体验都有严重的危害性。

一、冲昏头脑的愤怒

愤怒是一种常见的消极情绪，它是人对客观现实的某些方面不满，或者个人意愿一再受到阻碍时产生的一种身心紧张状态。在人的需要得不到满足，遭到失败，遇到不公，个人自由受限制，言论遭到反对，无端受人侮辱，隐私被人揭穿，上当受骗等多种情形下人都会产生愤怒情绪，愤怒的程度会因诱发原因和个人气质的不同而有不满、生气、恼怒、大怒、暴怒等不同层次。发怒是一种短暂的情绪紧张状态，往往像暴风骤雨一样来得猛，去得快，但在短时间内会有较强的紧张情绪和行为反应。也就是说，愤怒是一种富于冲动性的情绪，它是由于与愿望相违背或不能达到，并一再受挫而激起的不良情绪。

释迦牟尼曾经谈及愤怒的破坏力。当一个人生气时，会有7件事情降临在他身上。

●虽然刻意装扮，依然丑陋不堪。

●虽然睡在柔软舒适的床上，依然疼痛缠身。

●误把善意作恶意，错把坏人当好人，做事鲁莽不听劝告，导致痛苦与伤害。

●失去辛苦赚来的钱，甚至误触法网。

●失去勤勉工作得来的声望。

●亲友形同陌路，不再同你为伍。

●死后将转世投胎到畜生道。因为一个任怒气驾驭自己的人，身心及言语皆表现得不健全，从而造成令人惋惜的结果。

这7种亲者痛仇者　快的不幸，就是愤怒带给人的后果。愤怒是丑陋的，而且是一种具破坏性的情绪，蛰伏在人心，伺机操纵人的生活。因此，无法克制的怒气，往往成为伤害身心至深的本源。

以下是几种令人愤怒的行为，但这些行为一般很少被人察觉：

●有人重复告诉你，你做的事情不对。比方说，老是喜欢挑你的语病："你上个礼拜不是说很喜欢吗？""如果你不喜欢的话，为什么要去那里度假呢？""我实在搞不懂你为什么要这样做。"

●有人时常提醒你，他帮过你什么忙。

●为别人的受害而愤怒。他老是跟你说别人怎么亏待他，怎么利用他，甚至连亲戚也欺骗了他。他每一次都告诉你这些事情的时候，你听了以后也很生那些人的气，虽然你对那些人束手无策。

●有人传播别人反对你的谣言。他先跟你说有个朋友或邻居批评你，然后又要你别说出去，他会这样对你说："你不要把我说的告诉他。”在这种情况下，你会很生气，但却毫无办法。

●别人永不兑现诺言。如："过了这个周末以后，我一定还你借给我的钱。""一年以后，我一定不再打扰你"等。

●坚持要你也有某种感觉。希望你听了某些事情后，就会变得愤怒或开始幻想。要不然就是他讲完笑话以后，自己大笑，也期待你有相同的反应。

●总是问一大堆问题或不停地提一些小小的要求。

愤怒情绪是一种消极的情绪，如果这种情绪占了主导，不能自制，往往会过分刺激人体的器官、肌肉或内分泌腺，容易诱发多种疾病。而且极易破坏正常的人际关系，轻则伤了和气，影响人脉；重则控制不住自己的理智，闹出不该发生的事来。所以，作为一个理智的人，应该学会克制愤怒。

当然，这需要大量尝试，并且它只需一次花极少的时间就能实现。当面临使你愤怒的人或事时，你可以采取以下策略：

用意识控制自己

为了控制或减少愤怒发火的次数和强度，必须对自己进行意识控制。当愤愤不已的情绪即将爆发时，要用意识控制自己，提醒自己应当保持理性，还可进行自我暗示："别发火，发火会伤身体，保有涵养的人一般能做到控制。同时，及时了解自己的情绪，还可向他人求得帮助，使自己遇事能够有效地克制愤怒，只要有决心和信心，再加上他人对你的支持配合与监督，你的目标一定会达到。

降低愤怒指数

当一个人极度愤怒的时候，随着内分泌的变化，其嗓音会提高八度，呼吸加快而且粗重起来；心脏跳得更快更吃力，手足的肌肉绷得紧紧的。最后，竟会有一种让人觉得“箭在弦上，不得不发”的感觉。

假如你连续出现这种情绪，那么你的“愤怒商”就未免太高了，它有可能演变为严重的健康麻烦。可怕的是，不友好的心态很容易使你发怒。

能否有效地抑制不友好的情绪，从而使自己更信赖他人呢？其实，只要我们意识到了愤怒对于人们的害处，下决心改正，你终究会改掉这个不是毛病的“毛病”。

要培植信任人的健康情绪，你一定要逐渐消除对别人玩世不恭的怀疑，减少发火的次数和强度，进而学会善待他人，体贴他人。

下面的几条措施将帮助你完成这一心理、生理转变的过程，逐步降低你的“愤怒商”，以达到性格的完善。

●承认难题

请告诉你的配偶和好朋友，你承认自己以往爱发火，决心今后加以改进。要求他们支持、配合和督促，这样有利于逐步达到目的。

●保持清醒

当愤愤不已的思绪在脑海中翻腾时，请提醒自己，保持理性，你才能避免愤怒。

●推己及人

把自己摆到别人的位置上，你也许就容易理解对方的观点与举动。在大多数场合，一旦将心比心，你的满腔怒气就会烟消云散，至少觉得没有理由迁怒于人。

●嘲笑自己

在那种很可能一触即发的危险关头，你还可以用自嘲从自己的多疑的性情中寻找乐趣。

●反应得体

受到不公平的待遇时，任何正常的人都会怒火中烧。但是无论发生了什么事，都不可放肆地出口大骂。而该心平气和、不抱成见地让他明白，他的言行错在哪儿，为何错了。这种办法给对方提供了一个机会，在不受伤害的情况下改弦更张。

●贵在宽容

学会宽容，放弃怨恨和惩罚，你随后就会发现，愤怒的包袱从双肩卸下来，显然会帮助你放弃错误的冲动。

熄火的妙方

爱发火是一种不良和有害的情绪。一个人经常发火，不仅会影响人际关系，影响工作，还容易把矛盾激化，无助于问题的解决。下面介绍一些熄火的妙方。

●容忍克制法

俗话说：“壶小易热，量小易怒。”动辄发脾气、动肝火是胸襟狭窄、气量太小的表现。有一位心理学家忠告：“气量大一点吧，如果我们每件事情都要计较，就无法在这个大千世界生活下去。”要保持克制，就必须有很高的修养，有修养的人才是有克制力的人。一个襟怀坦荡的人，是绝不会为些区区小事而随意发火的。即使遇有不顺心的事或受到不公正的待遇时，也能做到心平气和地讲道理，和风细雨地解决矛盾和问题。

●保持沉默法

著名散文家朱自清说过："沉默是最安全的防御战略。"当意识到自己要发火时，最好的办法是约束自己的舌头，强迫自己不要讲话，采取沉默的方式，这样会有助于缓和激情、冷静头脑，让沉默成为一种保持身心平衡、抑制精神亢奋的灵丹妙药，不借外力而能化解怒气。

●及时回避法

生活中遇到能使自己动气的刺激时，只要情况许可，不妨采取"三十六计，走为上策"。这样，眼不见，心不烦，火气就消了一半。

●自我提醒法

当要发火时，只要自己还能自我控制，就要试着用意识驾驭自己的情感，警告自己："我这时一定不能发火，否则会把事情搞砸"，心中默念："不要发火、息怒、息怒"。这样坚持下去，就会收到一定的效果。

●注意转移法

转移话题、寻些开心快乐的事情干，选个令自己愉快的音乐，阅读引人入胜的小说、诗歌，或出去散散步等。

恐惧的情绪是人与生俱来的东西。刚刚从母体中分离出来的婴儿，第一个反应就是啼哭。脱离了母体的保护，面对一个陌生未知的世界，一个软弱无力的孩子出现恐惧的情绪本是一件再正常不过的事情。可是，重要的是，我们可以让这种恐惧一直延续下去吗？如果恐惧一直贯穿于我们的生活，将会造成怎样的影响？

二、与生俱来的恐惧

恐惧使许多人无法履行自己的义务，因为恐惧消耗他们的精力，损害和破坏他们的创造力。心存恐惧的人是无法充分发挥其应有才能的。如果处境困难，他就会束手无策。

恐惧能毁灭人的自信，使人变得优柔寡断。恐惧还会让人动摇，不敢开始做任何事情，并使人们怀疑犹豫。恐惧是能力上的一个大漏洞。

事实上，每个人都有他所惧怕的事情或情景，而且不少事物或情景是人们普遍惧怕的。但是，在现实生活中我们可以看到有的人的恐惧心理异于正常人，如一般人不怕的事物或情景，他怕；一般人稍微害怕的他特别怕。这种无缘无故的与事物或情景极不兼容的异常状态，就是恐惧情绪。它是一种不健康的心理，严重的即是恐惧症。

对某些事物或情景合情合理的恐惧，可使人们更加小心谨慎，有意识地避开有害、危险的事物，以更好地保护自己，避免挫折、失败和意外事故。但不正常的恐惧，则是消极的一种情绪，并且总是和紧张、焦虑、苦恼相伴随，而使人的精神经常处于高度的紧张状态，因此，它必然损害健康，引起各种“心因性”疾病。长期的极端恐惧，甚至可使人身心衰竭，失去宝贵的生命。不正常的恐惧心理，还会严重影响一个人的学习、工作、事业和前途。例如，有的青年人因惧怕社交，甚至在与陌生人接触时或在众人面前，就会出现脸红、出汗、发抖、口吃、拘谨不安、手足无措等异乎寻常的表现，结果只好整天把自己关在房里，虚掷青春。

那么，到底该怎样从恐惧中改变你生活中的软弱、贫困和不足的力量呢？其实恐惧只是一种心理想象，是一个幻想中的怪物，一旦你认识到这一点，你的恐惧感就会消失。如果你都被正确地告知，没有任何臆想的东西能伤害到你；如果你的见识广博到足以明了没有任何臆想的东西能伤害到你，那你就不会再感到恐惧了。

勇敢的思想和坚定的信心是治疗恐惧的天然药物，能够中和恐惧思想，如同化学试验中，在酸溶液里加一点碱，就可以破坏酸的腐蚀力一样。当人们心神不安时，当忧虑正消耗着他们的活力和精力时，也是不可能获得最佳效率的，他们是不可能事半功倍地将事情办好的。事实上，有很多非常有成就的人也像一般人那样，一遇到某些情况就会感到恐惧和害怕，不同的是，他们能够想出一套有效的办法来克服它。

所有的恐惧在某种程度上都与恐惧者自己的软弱感和力不从心有关，因为此时他的思想意识和他体内的巨大力量是分离的。一旦他开始变得心力交融，重新找到了让他自己感到满意和大彻大悟的那种平和感，他将真正体味到做人的荣耀。

一旦不再有各种形式的恐惧，人的美好信念和自信将达到极高的境界，就不会像以前那样只是梦想着安全和自由，他们的力量和效率将提高100倍。

不过，值得欣慰的是，恐惧虽然阻碍着人们力量的发挥和生活质量的提高，但它并非是不可战胜的。只要能够积极地行动起来，在行动中有意识地纠正自己的恐惧心理，那它就不会再成为你前进的障碍。可以从以下几点入手：

要努力增长自己的科学知识

一位心理学家说得好："愚昧是产生恐惧的源泉，知识是医治恐惧的良药。"的确，人们对异常现象的惧怕，大都是由于对恐惧对象缺乏了解和认识，愚昧无知引起的。只要透过学习，了解其知识和规律，揭去其神秘的面纱，就会很快消除对某些事物或情景的无端恐惧。

要勇于实践

就是经常主动地接触自己所惧的对象，在实践中去了解它、认识它、适应它、习惯它，就会逐渐消除对它的恐惧。例如，有的人惧怕游泳、有的人惧怕猫、有的人惧怕毛毛虫等，只要经常多次实践，多观察、多锻炼、多接触，就会增长胆识，消除不正常的恐惧感。

学会转移注意力

就是把注意力从恐惧对象上转移到其他方面，以减轻或消除内心的恐惧。例如，对在众人面前讲话的恐惧心理，除了多实践多锻炼外，还可在每次讲话时把自己的注意力从听众的目光、表情转移到讲话的内容上，再配合“怕什么！”等积极的心理暗示，心情就会变得比较镇静，说话也比较轻松自如了。

英国神学家詹姆士·李德说：“为了实现完满的人生，需要我们做的第一事情就是去获得控制恐惧的力量。”

一个恐惧的人，他在面对事情时更加不自信，不再相信自己的力量，也不再相信未来在自己手中真的可以有所改变。其实，虽然恐惧的力量很真实，但唯有当我们臣服于它，自动将自己交在它手中时，它才能控制我们。如果我们勇敢面对，到头来就会发现我们需要的不过是多一点坚持，多一点承认自己缺点的勇气，多一点愿意练得更勇健的心脏而已。

忧虑也是我们生活中常见的一种消极且毫无益处的情绪，它们都是精神抑郁的最常见的表现形式，是一种极大的精力浪费。当你悔恨时，你会沉湎于过去，由于自己的某种言行而感到沮丧或不快，在回忆往事中消磨掉自己现在的时光。当你产生忧虑时，你会浪费宝贵的时间，无休止地考虑将来的事情。对我们每个人来讲，无论是沉湎过去，还是忧虑未来，其结果都是相同的：你在浪费目前的时光。

三、忧虑笼罩的阴影

没有人能估计得清楚忧虑到底造成了多少人类灾祸与损失。它使天才变得平庸；它使一个人归于失败；它破灭人的希望。在这方面它比任何因素都要厉害。

工作不能置人于死地，但忧虑却能杀死大批人。卖任何苦力，办任何难事，都不会使我们有所伤害，能够真正损害我们的，就是我们在办事和行动时的心理作用——在还未办事、未行动之前，先已在脑海中顾念着、畏惧着，同时预感到办那件事、做该项工作时会具有的种种不快。

忧虑能败坏人的健康，摧残人的精力，损害人的创造力。它使许多本来可以有作为的人，最终平凡、庸碌而死。

忧虑能摧残人的活力，消磨人的精神，能够对人的工作产生很严重的影响。一个人在心绪不宁时所做的工作自然不会产生最高的效率。人的各种精神机能，一定要在丝毫不受牵制的时候才能发挥最高的能力。

我们常常会感到忧虑——当我们出错时，当我们无法有效利用时间时，当我们作出错误的决定和选择时，当我们将要取得成功时，当我们在发生改变时，当我们与人相见时，当我们在公共场所作演讲时，当我们成为企业要员时，当我们幽处独居时，当我们与人共处时，凡此种种，忧虑都可能会突然袭来。有些忧虑是与生俱来的，有些忧虑则是在我们冒险尝试时不期而至的。恰当地说，忧虑是人们思想中的某些因素作祟而导致的，对此，我称为期望模式。比如，人们在做某件事时，应该这样想：“我希望我能把它做好”，而不是认为“我已经试过好多次了，只能如此”。

这样的事例不胜枚举。比如，初出茅庐、颇具实力的花样滑冰运动员在参加大型比赛时，面对众多的摄像机镜头，开始时动作还能挥洒自如，可当他滑行到场地边，看到摄像机正记录着他的一举一动，竟不敢相信自己正在和一群顶尖选手同场竞技、共同角逐。面对无数注视的目光，顿时间他脑中空无一物，把技术动作忘到了九霄云外，只会感到不断有忧虑袭来。又如，长期参加训练的网球手在练习时会打得很棒，但如果参加正式比赛，动作往往会因怯场而发僵，在场上变得很紧张，既不知道该怎样发球，也不知道该怎样接球，更不用说得分了。再如，长期被挫折困扰的游泳运动员在游到池边的转身处时，会突然想起以前的痛苦经历，转身后，动作接着就会发生变形，从而无法游出好成绩。

由此可见，对成绩的担忧，对自身技术能力的怀疑，对比赛结果的过分关注，往往会妨碍运动员发挥水平。这些运动员脑子里充斥着怀疑、忧虑、焦躁和担心，必然会使他们的肌肉变得紧张，无法像平时那样正常做动作。比赛前，正常范围内的忧虑都能使人感到不适，想要呕吐，而如果发生上面的情况，必然会使他们无法应对比赛。

其实，驱除忧虑这种情绪的最好方法，就是常常怀着一种愉快的态度，而不要老是去纠缠生活中的不幸与丑恶的方面。

在你克服危机的路途中，当你觉察到恐惧、忧虑的思想侵入你的心中时，你必须立刻充满各种希望、自信与愉快的思想，不要坐视这些剥夺你幸福的敌人在你心中盘踞起来！

不计较得失

“不以得为喜，不以失为忧”是一种非常良好的心态，这种心态的优势是专注于自己的事情，不因一时得失而忧心忡忡。相反，因得到一点东西就兴奋狂跳，又因失去一点东西就捶胸顿足的人，本身就有一种不健康的心理，其危机是只顾眼前利益，不重未来发展。

让自己忙碌起来

现实生活中，有些人似乎染上了一种忧虑的不良习惯，他们不管遇到什么事情，总是首先启动自己那根忧虑神经，为事情的过程担忧，也为结果而忧。如果你因为某事感到忧虑，或者你已经严重到养成了一种忧虑的习惯，那就采取一个法宝——让自己不停地忙碌，这比任何心理医生的治疗都更加有效。

对大部分人来说，在日常的工作忙得团团转的时候，大概不会有多大问题。可是在下班以后——就在我们能自由自在享受我们的悠闲和快乐的时候——忧虑就会来攻击我们。这时候我们常常会想，我们的生活里有什么样的成就，我们有没有上轨道，上司今天说的那句话是不是“有什么特别的意思”。

当脑子空闲的时候，通常都是你的感觉在进行补充。因为忧虑、恐惧、憎恨、嫉妒和羡慕等情绪，都是由我们的思想所控制的，这些情绪都非常猛烈，会把我们思想中所有的平静的、快乐的思想和情绪都赶出去。

不要受制于小事

人生在世，生命短暂，却偏有些人浪费很多时间，为一些本来可以很快忘记的小事而忧愁。很多人可以经受住生死的考验和重大的打击，却往往为这些小事所忧虑。如为一些鸡毛蒜皮的小事争吵，讲话侮辱他人，措辞不当，行为粗鲁等。他们浪费了很多不可能再补回来的时间，去忧虑一些很快就会被所有人忘记的小事。让我们把我们的生活用在值得做的行动和感觉上，去想一些应该思想的东西。去经历自己真正的感情，去做必须做的事情。因为生命太短促了，不该再顾及那些小事。

保持身体的健康

这也是矫正忧虑这种心理危机的重要因素。良好的胃口，甜蜜的睡眠，清爽的神智，都是可能减少忧虑的妙方。体力强健的人，忧虑偷袭的机会比较少。而在欠缺活力、体质衰弱的人的生命中，忧虑最易侵入与滋长。

美国心理学家麦迪逊在他的名著《心理疾病》中说："病态心理中，最隐秘而又最严重的是怯懦心理。"然后他又用科学的语言描述说："怯懦有许多层次，自下至上，越来越严重。它的层次依次是：失惊、恐怖、震骇等活跃情态，到惶恐、不安等沉静情态。"

四、畏首畏尾的怯懦

一般来说，懦弱情绪的大致会表现出以下行为：

●懦弱者胸无大志，目光短浅，凡事唯唯诺诺，见难就退，见危就避，凡事都过分小心。具有懦弱情绪的人，他们无论说话、做事，还是待人接物都显得谨小慎微，缩头缩脑，卑躬屈膝，总是怕做错什么，生怕树叶掉下来打着自己的头，不敢越雷池半步。由于过分担心害怕,所以做起事来犹犹豫豫，效率特别低。对他们来说最好的选择就是尽量少做事，或者不做事。

再者，他们还意志薄弱，缺乏敢做敢当的勇气，遇到突发事件就会惊慌失措。他们信不过自己，也信不过别人。他们不敢冒风险，不敢去和一切艰难困苦、邪恶势力作斗争。不仅做事缺乏勇气，而且毫无决断力，只会一味承认自己低劣、错误、过失或失败，并忏悔、自责、贬低，甚至摧残自己。

●懦弱者对熟悉的事物和环境比较得心应手，但对于不熟悉的、未知的环境，显得过分慎重，不愿出头露面。懦弱的人缺乏创造力和冒险精神，凡是遇到新计划、新挑战，总会搬出各种理由来推迟实行，觉得这样会减少风险，其实无形中就失去了很多成功的机会，因此，事业上往往无所作为，庸庸碌碌。

实际上人生就是挑战，社会就是一个大运动场。在这里，强者胜，劣者汰；强者拼搏，弱者奋起。人人面临着挑战，同时也体验着挑战。只有不畏强手，勇敢地迎上去，接受新的挑战，才能出奇制胜。

有的人善于隐藏懦弱情绪，他们虽然内心懦弱，但他们很会掩饰自己的胆小怕事，他们善于自吹自擂，借虚荣来标榜自己的大胆无畏。他们说起话来，振振有词，似乎什么人和事都不放在眼里，并常常炫耀自己的成功和权势，希望以此取得别人的信任。表面看来他们很自信，实际上却是懦弱至极。他们是语言的巨人、行动的矮子。当需要鼓起勇气，勇敢去做时，往往就立刻退避三舍，躲藏起来。不仅害怕做不好事，更害怕招惹麻烦。即便是不得不做的事，在做的过程中也是唯唯诺诺、战战兢兢，随时担心意外情况的出现。

●懦弱者被动地屈从于外部势力，接受伤害、责备、批评与惩罚。懦弱的人往往畏惧权势，畏惧邪恶，不敢反抗，不敢得罪权贵。而勇敢与懦弱的分界线，也就表现在这里。勇敢者有一种泰山压顶不弯腰的气势，敢于同权贵作斗争，就像古代李白所说的："安能摧眉折腰事权贵，使我不得开心颜。"

懦弱者善于忍耐，顺从于命运。中国的传统文化一直提倡忍耐，人们认为人际交往中的矛盾冲突是难免的，只有互相忍耐才能相安无事，能忍耐的人才能宽容别人，忍耐被用来衡量人的意志，能忍耐的人会被认为是强者。但是，忍是有限度的，过分的忍耐对人是极为有害的。“心”字头上一把刀，这是人们对“忍”字的形象注解，这把刀是会戳伤人的心灵的。因为忍耐使人的情绪得不到宣泄，大量消极情绪会郁结于心。人们误以为时间久了这种情绪会渐渐消失，但实际上并不是这样。未宣泄的情绪会埋在心里，甚至历时几年几十年也未必会自行消失，这些郁结的情绪严重损害着人的身心健康。长期忍耐，会使一些人变得越来越懦弱，于是开始屈服退让，这样会被人欺负，不能捍卫自己应得的权益。长此以往，他们就会失去人本该有的喜怒哀乐，失去了享受生活的能力，会觉得无望，开始变得顺从，崇尚宿命论，凡事皆认为是命中注定，减损自我觉察的能力及创造人生的能力，无力面对自己所面临的一切，最终毫无幸福可言，甚而被人当成弱者来进行欺凌。

那么，如何才能避免怯懦这种不良情绪呢？最有效的办法就是对自己的能力充满信心，并坚信自己可能战胜生活中的一切艰难困苦。对任何事情都兢兢业业，无所畏惧、永不退缩地去做，永远富有勇气和决断力。只有自信的人才能坚强地去克服种种困难，发挥出自己的聪明才智，在事业上取得成功。有时凭一点点勇气就能够把事情做好，但人们之所以不去做，是因为他们认为不可能，其实有许多不可能，只存在于人们的想象中。所以，要做好以下三个方面：

消除畏惧心理

怯懦心理较重的人，除了要努力培养自己坚强的意志、丰富的想象和激荡的热情之外，还必须培养战胜胆怯的勇气和绝不向困难妥协的冒险精神。消除畏惧，是一个人成功的前提。毫不畏惧的人，在一切社会环境、自然环境当中，有着按自己的意图行事的坚韧生命力。他们可以抛弃一切、无所顾忌地向着奋斗目标英勇前进。他们经由强烈的自信，产生出不怕危险和失败、大胆猛进的勇气，具有敢于挑战、反对现存秩序的气魄。他们不断从事着改造社会、改造自己的工作，并力图寻找自己的对手，打垮敌人，以此来激发斗志，发挥出自己的力量。

人的一生，精神上可能受到沉重的打击，心灵上可能受到残酷的摧残，感情上可能受到巨大的压抑，然而我们并不会毁灭，我们挣扎，我们奋斗，我们崛起。正如西方一位哲人所说："迎头搏击才能前进，勇气减轻了命运的打击。"中国也有一句古话"狭路相逢勇者胜"，人的勇气和胆识是在屡战屡败中锻炼出来的，也是自己给自己灌输的。鼓足勇气，直视困难，你会发掘自己抵抗逆境的强大力量。

所以，无论你的一生是平淡或辉煌，无论你是变得杰出还是平庸，这一切都取决于一个意念，取决于你心中的愿望。你应该相信自己的潜在优势，增强自信心，解除怯懦感。胆小的人真正的敌人是自己。一个进取的人，必须具备勇敢和创造力。在人类历史上，只有那些相信自己、勇敢而富有创造力的人，以及那些具有冒险精神的人，才能成就伟大的事业。

磨砺的坚强意志

一个怯懦的人，必须培养和树立信心，才有可能勇敢地去做自己想做的事，否则会畏首畏尾，永远走不出黑暗。不论遇到什么问题，哪怕是面临失败，也不要灰心丧气，要勇敢地正视它，以积极的态度寻找应变的方法。一旦问题解决了，自信心也会为之增强。

如果你觉得自己性格中有怯懦的一面时，就应该不断地跟自己说："我是坚强的，我比任何人都勇敢，没什么东西可以击垮我。"经常反复地跟自己这样说，就等于你在不断地把健康有益的观念输入你的潜在意识，时间长了，这些健康有益的观念就可以改变你的人生态度，使你变得坚强、果敢。

卡耐基说："我们每个人的生活面貌都是由自己塑造而成的，如果我们能学会接受自己，看清自己的长处，明白自己的短处，便能踏稳脚步，达到目标。"

其实我们每个人生来的素质都差不多，别人能成就的事情，其实你也能。一切艰难和困苦，都要由自己来承担，不要推卸责任，要勇于承担一切。你应该有着充沛的精力和伟大的魄力，要鼓起勇气，下定决心，与一切怯懦的思想作斗争。只有这样，才能激发进取的勇气，才能感受生活的快乐，才能最大限度地挖掘自身的潜力。生活中许多恐惧不安，其实都是因为你的信心不足，一旦获得了信心，许多问题就迎刃而解了。

没有任何一种生活是十全十美的，但只要有坚强的意志，就没有改造不了的自我，就没有超越不了的屏障，就没有抵达不了的彼岸。树立远大的目标，发掘自我的潜能，那么，所有瞻前顾后的疑虑、驻足不前的怯懦和逆来顺受的消极统统都会被我们置于脑后，我们将获得无坚不摧的信心和勇气。

培养勇敢精神

"生当做人杰，死亦为鬼雄"这样一类鼓励人英勇无畏的格言，往往能够潜移默化地渗入人们的心灵，激起世人心底的几丝冲动。

要培养这种大无畏的英雄气概，就要多与具有积极心态的朋友交往，广泛社交，多接触成功的人。俗话说得好，“近朱者赤，近墨者黑。”多与这些人交往，你就会受到他们乐观、勇敢精神的感染，使自己在潜移默化中变得开朗豁达，逐渐培养出正确的思维方式和好的生活、工作习惯。透过社会交往，发展友谊，联络感情，结识知己，交流思想，用强烈的社交欲望解除懦弱的症结。但是要注意尽量少与有消极心态的人交往，因为两个具有消极心态的人在一起，会彼此给予对方更加消极的暗示。

另外，对自己要有清醒的认识，尤其是要把注意力集中在自己的优点上，坚持发扬自己的这些优点，让自己每天有意识地做些自己最擅长的事，即使是不足挂齿的事儿也要坚持不懈。这样，只要发挥出了自己的特长，那么在工作、生活中自然就会有出色的表现，而自己所取得的这种成绩不论大小，都能增强、支撑起自己的自信心和勇气，从而逐步减轻直至消灭自己的怯懦。战胜怯懦的最好办法就是在伤口还在滴血的时候，就勇敢地、坚强地站起来，然后在泪水里微笑，否则，一旦倒下，再想爬起来，就需要付出更多的代价。

勇于接受挑战

如果由于怯懦，使你不敢做一件事，那么在做这件事之前，先预测一下如果做了这件事，它最坏的结果会是什么。有时候做出最坏的打算，可能唤起一个人心中最大的勇气，去冲破第一次精神上的束缚。在人生的道路上，我们在很多时候都需要这种挑战的勇气和精神：挑战传统、挑战权威、挑战大自然、挑战自我，没有挑战的人生，就没有什么乐趣，更不用说什么成功了。人生没有什么迈不过的坎，没有什么越不过的难关，人应当鼓足勇气与邪恶、贫穷作斗争。勇于接受挑战的人，是不会失败的。

面对挑战，既然我们别无选择，那么不如鼓起勇气做一次冒险，一次冒险比一万次犹豫、无可奈何的绝望都要壮烈。相信谁也不能主宰我们，更要相信谁也无法阻挠我们，相信世界就是因为我们而存在的。相信我们的力量和智慧最终能摒弃失败，获得成功！

莎士比亚说："我们知道我们现在是什么样的人，但不知道我们可能成为什么样的人。"

人生中失败是不可避免的。对人对事已尽了全力之后的失败，对失败的结果应该坦然接受。不要承认"我失败了"，而应说"我这次失败了"或"我做这件事失败了"。有时我们总是缺乏勇气，在困难面前退缩，在机遇面前犹豫，在压力面前屈服。所以，有许多理由令我们失去信心。那么我们不妨把自己"置之死地而后生"，绝境之中，我们的潜能可以被求生的欲望激发出来，往往会产生惊人之举。

嫉妒，从某种意义上来说，是人类的一种普遍的情绪。现代社会是一个崇尚成功的社会，然而在激烈的竞争当中，有人成功，就必然有人失败。失败之后所产生的由羞愧、愤怒和怨恨等组成的复杂情感，就是嫉妒。

五、吞噬心灵的嫉妒

嫉妒有两方面的意义：一方面，嫉妒具有积极的意义。莎士比亚把嫉妒比作爱情的卫道士。确实，你的恋人如果反对你同别的异性接触和交往，正是反映了他（她）对你的爱的程度。反之，如果他（她）从不“吃醋”，那么你们之间的爱情恐怕还处在很低的水平，或者已经到了危险的地步。因此，嫉妒在爱情里面还是有一定的积极意义的。如果嫉妒能够转化成为前进的动力，则是积极的。

另一方面，嫉妒在更多的时候表现为消极的意义。嫉妒常常会导致中伤别人、怨恨别人、诋毁别人等消极的行为。嫉妒往往是和心胸狭隘、缺乏修养联系在一起的。心胸狭隘的人会因一些微不足道的小事而产生嫉妒心理，别人任何比他强的方面都成了他嫉妒的缘起。缺乏修养的人会将嫉妒心理转化成消极的嫉妒行为，严重地破坏人际关系。

心存嫉妒的人，常常为了一些非原则性的、不值得的小事，斤斤计较，采用极端的报复手段，使得报复这把“双刃剑”既伤害了对方，也伤害了自己。

心存嫉妒的人缺乏友善、宽容之心，他们容不得别人的进步或获利，容不得别人超过自己，因此面对别人的成功，他就气极眼红，嫉恨对方。他们更容不得别人对自己的批评，只注重个人的利益。

嫉妒心强的人，往往虚荣好胜，一旦达不到目的便怨天尤人，长此以往，这些人在生活、工作和学习中，就会患得患失，顺利时兴高采烈，得意忘形；失意时便垂头丧气，萎靡不振，使自己的一生碌碌无为，一事无成。有嫉妒心的人总是抱着自己不好、别人也别想好的心态。

鲁迅先生曾说过：“这种人就像很矮的人，总是瞪着不示弱的眼睛，千方百计地想把别人也变矮，同他们穿一个号码的裤子。”

嫉妒，不仅给他人带来痛苦、损害和灾难，而且对自己也造成伤害。所以，古希腊一位哲学家曾说过说：“嫉妒的人常自寻烦恼，它是他自己的敌人。”嫉妒心强的人，一般自卑感较强、没有能力、没有信心赶超先进者，但却有着极强的虚荣心，不甘心落后，不满足现状。

嫉妒心强的人，时时刻刻绷紧心上的一根弦，整日处于紧张、焦虑和烦恼之中，他们不能平静地对待客观世界，也不能理智地对待自己和他人，他们对比自己优秀的人总是怀着不满和怨恨之情，对比自己差的人又总是怀着唯恐他们超过自己的恐惧之心。

嫉妒的受害者，首先是嫉妒者自己。莎士比亚说得很确切："嫉妒是绿眼的妖魔，谁做了他的俘虏，谁就要受到愚弄。"嫉妒者经常处于愤怒嫉恨的情绪中，势必影响自己的学业、工作和生活。生气是用别人的错误来惩罚自己，嫉妒却是用别人的优点和成就折磨自己，因而它就能更加残酷无情地毁掉自己的前途和一生的事业。自己不上进，嫉妒别人的上进；自己无才能，嫉妒别人有才能；自己无成就，恨别人获得成就。嫉妒者的光阴和生命就在对他人的怨恨中毫无价值地消磨掉，到头来两手空空，一事无成。俗话说："世上本无事，庸人自扰之。"嫉妒者都是庸人，他们给自己制造烦恼、痛苦和思想包袱；他们给自己制造"敌人"，树立对立面；他们给自己制造不平静。

嫉妒心理是一种被扭曲的心态，使人难以进行正常思维，对人对事往往持否定和排斥的态度，以偏盖全，怀疑一切。对他人往往极尽贬低，吹毛求疵，一旦别人在某些方面超过了自己，就会妒火中烧，嫉恨难忍，使自己陷入一种难以自拔的境地。这些人不靠自己的努力获得大家的尊敬，而是想方设法贬低或控制成功的人来抬高自己。他们喜欢批评别人，希望能因为贬损别人，而使自己名气大增。

黑格尔曾经说过这样的话："有嫉妒心的人自己完不成伟大的事业，便尽量去低估他人的伟大，贬抑他人的伟大使之与他本人相齐。"

嫉妒心在人际关系方面的危害极大，因为嫉妒者不会无缘无故、漫无目的地产生嫉妒，他们所嫉妒的对象一般是能力超过自己的人，或是在嫉妒者看来比自己"幸运"的人。而这些人大多是自己的同事、同学、领导、亲戚朋友等和自己有一定关系的人，因此嫉妒伤害的往往是相对亲近的人，甚至有时即使是兄弟姐妹，也会因为嫉妒，一夜之间变为仇敌。所以嫉妒会对自己的社会交往产生巨大影响，不仅能破坏人们的友谊，影响团结，而且嫉妒者常常在嫉妒他人的过程中，被人发现自己丑恶的真面目，这样势必失掉朋友，失掉友谊，失掉亲人，成为被众人鄙视、讨厌的卑劣小人，终日生活在众叛亲离的孤独生活中，处于无援的境地，以致在需要帮助时，没人肯伸出援助之手。

有一个人遇见上帝，上帝对他说：从现在起我可以满足你任何一个愿望，但前提是你的邻居会同时得到双份的回报。那人高兴不已，但他细心一想：如果我要得到一份田产，邻居就会得到两份田产，如果我要得到一箱金子，邻居就会得到两箱金子，更要命的是如果我得到一个绝色美女，那个看来一辈子要打光棍的家伙就会同时得到两个绝色美女了。他想来想去，不知提出什么要求才好，他实在不甘心被邻居占尽便宜。最后他一咬牙：哎，你挖掉我一只眼睛吧！

这是一个流传在东南亚一带的故事，是反映东方式的嫉妒。如果让人类这种恶性循环会将所有美好的一切东西都变成嫉妒的陪葬品，狭隘、自私而产生的嫉妒是消极的，而奋发向上的强者会将这种嫉妒心化为动力，催促自己更进步。

在日常生活中，嫉妒的存在是很普遍的，往往深藏于人的潜意识中，不易觉察。嫉妒是由于别人胜过自己而引起抵触的消极的情绪体验。嫉妒会直接影响人的情绪，而不良的情绪会大大降低人们的生活质量。另外，嫉妒心可能使我们结交不到知心朋友。嫉妒心强的人往往事事好胜，常想方设法阻止别人的发展，总想压倒别人。这可能使周围的人、朋友想躲开你，不愿与你交往。从而给自己造成一个不良的人际关系氛围，你会感到孤独、寂寞。

嫉妒是一种心理疾病，嫉妒者不能容忍别人超过自己，害怕别人得到自己无法得到的名誉、地位等，在他看来，自己办不到的事别人也不要办成，自己得不到的东西，别人也不要得到。

研究结果表明，嫉妒还会影响人的身心健康，能造成人体内分泌紊乱，消化活动下降，肠胃功能失调，经常腰酸背痛和胃痛腹胀，夜间失眠，血压升高，脾气暴躁古怪，性格多疑，情绪低沉，久而久之，高血压、冠心病、神经衰弱、抑郁、胃及十二指肠溃疡等身心疾病就和嫉妒者如影相随了。现代身心医学研究还揭示，脑和人体免疫系统有密切联系，嫉妒可使大脑皮层功能紊乱，引起人体免疫系统的胸腺、脾、淋巴腺和骨髓的功能下降，造成人体内免疫细胞和免疫球蛋白生成减少，使机体抗感染的抵抗力下降。由此可见，嫉妒不仅使精神受到折磨，对身体也是一种摧残。

那么，怎样才能消除嫉妒情绪呢？主要应通过自身的道德修养、自我控制、自我调节来校正。

首先，应将压力变动力

将不服气变为志气，使自己有一种竞争意识，把别人的长处作为促进自己发愤向上的因素。你比我好，我要比你更好，要不服输。透过自强不息的努力去超过别人，这本身就是一种健康意识。这种意识表现得恰当，就会使自己的想法成为达到目标的动力，使自己的追求具有良知和道义。相反，总是想自己不如别人而只会嫉妒，就会造成精神负担，对自己和他人都可能起到不好的作用。

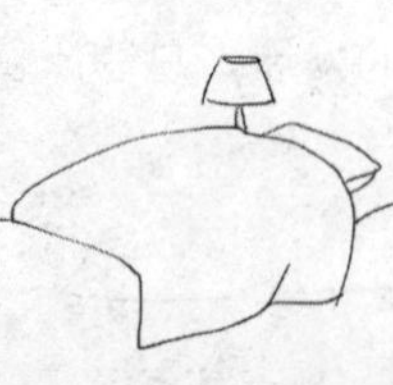

同时，要看到自己的长处，发现自己的价值

这是培养自尊心、消除自卑感和嫉妒心理的有效方法。

再者，不妨站在对方的立场上考虑问题

人人都希望得到他人的精神支持，所以当你对一个人产生嫉妒的时候，不妨大度地站在对方的立场上诚恳地赞扬他。因为信任和友谊会使你感到充实，你也可以感受到“心底无私天地宽”的心理体验。

具有猜疑情绪的人往往心胸狭隘，性格乖戾，行为偏激，常常陷入思维的死角。他们看待别人的时候，总是偏离客观的是非标准，总是看到一些阴暗的东西，总是以自己的猜疑之心去度君子之腹，制造人际关系的各种矛盾，并得出别人都想陷害自己的结论。

六、处处设防的猜疑

一般来说，产生猜疑情绪主要由于以下几个原因：

●缺乏安全感

一个人如果老是担心自己在人际关系中处于不安全的境地，他就难免对周围环境疑虑多端、忧心忡忡。当一个人对他人的信任不够时，就会在心理上对他人产生不放心的感觉，而且总是把对方的思想和行为往坏的方面想，唯恐别人对自己形成威胁，对他人有种下意识的抵触情绪，总是莫名其妙地觉得自己生活在某种危险之中，担心别人危害到自己的利益和安全。之所以如此，很大程度上是因为人们没有彼此敞开心扉。只有敞开自己的心扉，发挥自己的智慧和力量，彼此才能互相信赖，共同前进。

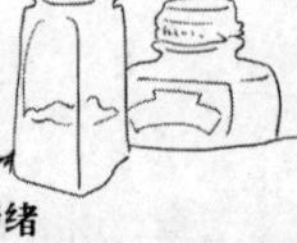

●受过沉重的打击

一个人如果受过打击，尤其是这种打击是来自自己比较信任的人，那么给他的伤害是最重的，他会因此引以为戒，从一个极端走向另一个极端，从毫不怀疑地信任别人转化为毫无根据地猜疑所有的人，因为他生怕自己会重蹈覆辙，会再次受到欺骗和伤害。他们原本心地善良、胸襟开阔，只因受到了打击，心灵上留有深深的伤痕，从而变得疑心重重，心胸狭窄，对任何人和事都不放心，不相信人间还有真诚和友谊，认为每个人都是虚伪的，任何人之间只有欺骗和伤害，以致性格变得孤僻、固执。

猜疑情绪有很多种类型，有正常的猜疑、过于敏感的猜疑、不计后果的猜疑等。不管是何种类型的猜疑，都会给你的生活和工作带来严重的负面影响。

●正常的猜疑

在日常生活中，我们遇到意料之外的事时，常常表现出猜疑、坐立不安等，一旦事情的原因搞清楚了，这种猜疑也就自行消失了。这属于正常范围内的猜疑。比如，如果孩子到了放学回家的时间，还没回来，妈妈和爸爸就会猜想出各种各样的坏的可能：被绑架了、遇上了交通事故等。一旦孩子回来了，并解释清楚了回来晚的原因，那么父母的猜疑也就烟消云散了。例如“杯弓蛇影”的故事中主人公得的病就是心病，是疑神疑鬼导致的忧虑病。

●对特殊情况的猜疑

有的人受过骗以后，就变得疑心重重，对所有的人，都不再相信，总觉得别人都是在骗他。有的人跟别人闹矛盾了，总觉得别人平时跟他人的交谈都是在诋毁自己，别人所做的每一件事都是在准备报复自己，于是整天处于戒备状态。再比如犯了罪的人总是胆战心惊，听见救护车的声音也以为是警察开着警车来抓捕自己。

●过于敏感的猜疑

这种人往往是性格优柔、处处小心翼翼，遇事总要千思万虑的人。他们平时总是心神不定，怀疑人家看不起自己，无论什么事，总是喜欢从坏的方面去无端猜测，别人无意中的一言一行，他都以为是对自己的不满或有意见，别人偶尔没跟自己打招呼，也以为是自己得罪了别人，整天东想西想，听风就是雨，无事生非，弄得人际关系紧张。很多时候他们都在担忧，但他们的担忧又找不到任何充分的事实根据，完全是自己的凭空想象，甚至有时候他们自己也不能确定自己在怀疑什么。只是固执地认为别人肯定会危害到自己，而使他们痛苦的是，他们不知道这种危害什么时候、用什么方法强加在自己身上，他们只是坚信自己一定会受到很大程度的伤害。因此他们时刻提防着别人，心中充满沉重的心理压力，心情一刻也得不到放松，而事情一旦发生后，往往也不知道该如何应付。

●不计后果的猜疑

有的人多疑会发展到捕风捉影、无中生有的地步，也不计行为后果。他们总觉得时时在受迫害，觉得人人都在和自己过不去，在排挤他、轻视他、欺骗他，觉得人心险恶，不得不防。其实，这些“敌人”都是自己“创造”出来的，一定要纠正自己意识中的这种偏差。要知道,世界上虽然有恶人，但好人毕竟占多数。

猜疑情绪在生活中往往给人很大的危机感，如何解决和处理掉这种危机，则成为人们共同应付的问题。为此，我们给出了以下几条建议：

别让感情战胜理智

要采取用事实说话的方法，逐步消除自己的猜疑心。当你疑心别人在讽刺你、轻视你的时候，不要马上采取行动，先观察一下，你的猜疑是否正确。设身处地地去为对方设想一下，看他的言行是否合乎情理。这样一来，也许你会发现，事情常常和你猜想的不一样。多疑的人常常是根据自己的一点印象就下结论，对多疑的事又不做深入的调查了解，尽管他们的看法与事实不符，又不合乎理智的判断，但还是感情用事地看问题。

用事实说话

产生了猜疑心，势必会妨碍自己去观察事实真相。因而，对于周围的人和事，必须善于观察，善于调查研究，一定要保持冷静客观的态度，观察、分析、思考问题。可以请自己信得过的人帮助参谋分析，消除一切荒唐可笑的想法。另外，遇事可多往好处想。通常，人在高兴和感激的时候，不大会多疑。许多事情，别人本来无心，你往坏处想，却会想出问题来。

加强自身修养

对于多疑者，最重要的是加强自我意识修养。一个思想修养和道德水平很高的人，遇事不会斤斤计较，患得患失。他们目标远大，超脱自我，能够排除一切私心杂念，多疑心态也就无处安身。相反，如果一个人心胸狭窄，处处猜疑、戒备他人，那么就常常会做出一些损人不利己的事情来。

建立自信

一个人有充分的自信，就不会时时为疑心所困，别人的态度甚至闲言碎语，就不会使自己过敏，也不会斤斤计较。“谁人背后无人说，哪个人前不说人？”几句议论又算得了什么？在许多情况下，不是别人对你有成见，而是多疑使你产生了别人对你有成见的错觉，而这又会反过来影响你对别人的情绪和看法，从而真的使别人对你产生不良好的看法。如果自己确有不够完美的地方，又怕别人背后议论自己，以致疑心重重的话，那就要敢于承认自己的缺点错误，并坚决改正。这样，别人也就无可非议了。要相信自己是个有才能的人，一定可以得到别人的承认。

信任别人

通常，人们对自己信得过的人，不大会产生猜疑；反之，越是自己不信任的人，越容易疑神疑鬼，总以为别人在同自己作对。因此，多疑的人应特别注意同别人直言相告，坦诚相处，有了彼此间的信任，猜疑的基础就不存在了。如果对某人一旦产生了猜疑，则更应如此，可以主动与对方接触，开诚布公地谈一谈。这样不但可以消除误会，驱散疑云，还能更加增进彼此间的友谊。因此，与别人真诚相处是改变多疑心理的基本办法。同时还需注意抛弃成见和自我暗示。一般多疑的人往往是在主观上先假定别人对自己不满，然后把生活中许多无关的事拉扯在一起，来证明这个成见。有一些还是无中生有地制造出来的，甚至把别人的善意曲解为恶意。因此猜疑也是一种自我暗示的心理，它预先主观地设定一个框框，然后按图索骥，按框框取舍材料，进行自我论证。结果，疑心越来越重。因此消除猜疑还必须抛弃成见和这种自我暗示。

其实这个世界上大多数人都是心地善良的，他们是乐于助人的，不要总以为别人都是幸灾乐祸者，要相信别人和自己一样，都有一颗善于同情的心。

正如法国著名思想家鲁索所说的："当你真正感到对方的话是肺腑之言的时候，自己的心灵也一定会敞开来接受一个陌生的心灵的真情流露。"

人心换人心，心诚则灵，真诚地与他人交往就会赢得友谊，就会活得快乐。

用幽默化解猜疑

拿破仑·希尔说："适当的幽默感，有助于保持弹性，以及适应变化多端的生活环境，幽默感可以使你在压力中放松自己，并使自己一直保持有人情味，而不会变得冷酷、疏离、生气或苦恼；它可以使你的生活不至于太严肃。"

猜疑心重的人活得过分认真，执著，活得很累。他们不懂得幽默，也不大喜欢幽默的东西。其实幽默中包含有太多灵活和机智，它可以使你避免受伤害，还可以使你成为真正的强者。幽默是一种人生的态度，是一种生存的技巧，幽默能产生一股力量，以对抗周围不如意的境况。幽默能使人放松心情，减少压力。通常凡是具有幽默感的人，工作的效率、创造力都比较高。

所谓虚荣，就是追求表面上的光彩，是一种极力掩盖自己不足的心理表现和夸张行为。在现实生活中，没有一个人不渴望满足自尊，也没有一个人不希望获得荣誉，但这种获得应该是建立在既自尊而又尊敬他人的基础之上的，而不是自我浮耀。为了满足虚荣，有些人便可能对他人造成伤害和冒犯，常常会为一些微不足道的事，津津乐道，自卖自夸。因此，懂得生命尊严的人，真正懂得荣誉的人，必须从虚荣中超然而出。

七、迷失自我的虚荣

对虚荣的人来说，受到他人的注意、赞同、赞扬，是最有价值、最光彩的事。一旦虚荣心得不到满足，就会加剧他的自卑情结的形成。

虚荣心强的人喜欢高声喧哗，喜欢哗众取宠，喜欢有人追随在他们身边，喜欢参加各种集体性活动。从根本上说，虚荣是一种源于自卑感的、极力想得到别人承认的愿望，是极力想得到荣誉或别人尊重的一种心理表现。一般来说，虚荣情绪有以下表现形式：

●不择手段追逐功名利禄

中国有句俗话叫做：“雁过留声，人过留名。”谁都不想默默无闻地活一辈子。自古以来，大多数人都把求名、求官、求利当做终生奋斗的三大目标。但是在追求功名利禄的过程中，应该量力而行，超过自己能力之外的追求，常常达不到目的，而达不到目的，又不甘心淡泊平凡生活的人，就势必会由于追求的太过迫切，从而产生邪念，甚至走上歪门邪道。

●特别爱面子

面子，是中国人心目中一个十分重要的概念，它象征着一个人的尊严、身份，甚至是名誉等。在一些情况下，面子甚至比名利更加重要，有没有面子，常常是一个人考虑问题时的首要标准和尺度，也是一个人在进行各种判断和选择时的重要出发点和原则。人们活着，有时就是为了要一个面子；各种冲突和矛盾的出现，有时无非也是为了一个面子。总之，面子在人们的生活、工作以及各种交往过程中，占着举足轻重的地位。但是如何保全自己的面子，在丢了面子之后，如何去挽救自己的面子，这是一个非常需要技巧的问题。其实保全或挽救自己的面子，最好的方法就是不亢不卑，真诚面对一切，用自己的诚心去打动对方，用自己的人格魅力去感染对方。可是有的人为了满足自己的虚荣心理，却选择大肆吹嘘、炫耀自己，以致落到最后无法收场的地步。

●靠外表赢得别人的仰慕

虚荣的人往往刻意注重穿着打扮，希望借漂亮的服装修饰赢得别人的艳羡。有的人明明经济不宽裕，却把大量的开支花费在服饰打扮上。他们倾慕名流与时尚，是时尚的追随者和时髦的追逐者，是高档生活、高档消费的支持者，往往浑身上下都是名牌，被名牌和流行牵着鼻子走。

●处处挑剔别人

经常挑剔别人错误的人，多半是一些一事无成的人。他们没有什么值得别人称道的建树，于是竭力想透过这种挑剔别人的方式，试图给别人留下深刻印象，同时掩饰自己的无能。批评当然比实际行动要容易多了。对于他们来说，处处挑剔他人的毛病，能够显示自己的鉴别力。当然，不切实际地过分赞扬某人某事，也有类似的动机，都是虚荣心在作怪。透过对某人某事的过分赞扬，他就可以摆出一副满腹经纶的样子，或者显出高人一筹的鉴别力、判断力。对这些人来说，事情不是一无是处，就是完美无缺。

●谄上傲下

虚荣心重的人还喜欢与他人保持距离，这样做的目的可能不仅仅是要给人以深刻印象，而是避免被他人超过自己或避免他人发现自己的错误和弱点。因为他意识到，别人与他有了更深的交往时，就会发现自己的一切缺点，他们害怕他人对自己的仔细观察和了解。

●制造优越感

虚荣的人是一些竭力想改造他人的人，他们之所以这样做，是为了透过这样的活动表明他比别人要高一筹，是为了提高自我地位。规劝他人改过很容易提高自己的自重感，仅仅是告诫他人就足以证明虚荣者的优越地位，并使他能够以某种恩赐般的优越态度来看待别人。

他们和你有约会时，总是希望你能准时赴约，而他们自己却常常迟到。他们喜欢让别人等候他，以显示自己多么与众不同。因此经常迟到的人，往往是虚荣心比较重的人。一个男人在赴约时迟到，可能是想让别人觉得他是个大忙人，或是个很重要的人；一个女人在出席一个宴会时迟到，是想引起众人瞩目。

●以自我为中心

虚荣的人喜欢对别人提出过高的不合理要求，喜欢苛求别人。他们不是严于律己，宽以待人，而是严于律人，宽以待己。他们一天到晚，总是摆出一副愤世嫉俗的样子。不是抱怨这不好，那不行，就是指责别人有这缺点，有那缺点。吃饭或买东西时，更是喋喋不休，抱怨服务态度不好或者价格太贵。总之，当他们有求于别人时，总希望别人立刻放下手中的一切工作来为他服务，满足他的一切需要。在他们的家庭生活中，他们也经常提出不合理的要求，一个虚荣的丈夫总希望妻子把他当成客人；一个虚荣的妻子则希望时时受到丈夫的奉承。

●拨弄是非

虚荣的人不仅是对他人隐私有浓厚的兴趣的人，还是爱出风头的人。他们总是唠唠叨叨，说个不停，以便受到他人的注意，而谈论传播最多的就是有关他人私生活的流言飞语。他们认为这样喋喋不休的饶舌是赢得听众的一个既快又稳的方法，因此如果不能用别的方法来引起众人的注意，他们就可能出卖信誉和诚实来这样做。

●喜欢冒险

冒险，尤其是冒不必要的险，也是虚荣的人试图引起他人注意的常用的手段。如一个人以惊人的速度驾车，或招摇过市，大呼小叫，其目的就是透过尽力显示自己的技术和大无畏的精神，来引人注目。

虚荣的人往往自己欺骗自己，不想认识自己的本来面目。他们故意摆出一副聪明睿智、城府很深的样子，并且希望别人也这样认为。他们喜欢自夸，爱炫耀，当然这样做的目的，无非是掩盖内心的自卑。他们靠着微不足道的小事上的优越而沾沾自喜，就因为他从内心深处深知自己不如人，所以抓住一件小事来炫耀。

●夸夸其谈

虚荣的人喜欢高谈阔论，夸夸其谈，以显示自己学识渊博。虚荣的人为了显示出自己与众不同的思想，喜欢用些庄重、正式的词汇。他们还常常使用华丽的、多音节的词，目的无非是给别人留下深刻的印象，以掩盖自己十分贫乏的见解。

他们惯用的伎俩就是把简单的、明白的事情变成复杂的问题，有时还故意玩弄字眼，把本来没有区别的事物，说成有区别。这些竭力炫耀自己的知识的人，与别人谈话时往往迅速地从一个话题转移到另一个话题，满口的时髦话，一嘴的新名词。

正如法国的一位思想家所说："当虚荣心不做声时，我们的话也很少。"言行不一，徒有其表，名不副实，正是他们的写照。

●处处想引起别人的注意和羡慕

虚荣的人往往对现实采取回避的态度，知道事情真相，也不敢承认，而是有意欺骗自己。他们对待不如意，会表现得很敏感，想方设法抹去自己在别人心目中的不完美印象。过于强烈的虚荣心，使他们缺乏承认现实的宽广胸怀，更不愿意让别人知道自己脆弱和无奈的一面。其实太在意自己的一举一动，太在乎别人对自己的看法，那就不是你自己。

那么，如何来控制虚荣情绪呢？这就需要我们能正确地认识虚荣，合理地加以改造和利用，把不利的转化为有利的。控制了虚荣这种人性缺陷的人，是不会被表面上的赞美和奉承所蒙蔽的，因而在生活中，他也不会轻易上当。他不会动辄接受贿赂，以致成为一个贪官污吏。他不会因为别人的赞美而失去自我。他不会因自我吹嘘、自我包装而招人耻笑。他会成为一个真正成功的、获得了至高荣誉的人。

正确认识自我

只要你正确认识了自己，并严格对自己做出客观、实在的评价，就不会因别人的赞美、恭维而迷失了方向，不知自己到底是谁了。事实上每个人都对自己有一定认识，并在这个认识的基础上产生一种自我评价，而清醒地看到自己的成绩和缺陷，发现自身的不足，并加以理性的克制和改正，却不是那么容易。虽说不容易，但一定要尽力做到对自身条件、自我性格有清醒认识。客观自然条件对每个人来说都有差异，我们面对事实，需要的是勇于接受现实，忍耐自然条件带来的不便和压力，趋利避害，扬长避短。人生的道路千万条，不必去钻牛角尖，要善于化腐朽为神奇，把自己的人生绘制成一幅绚丽的图画。

如果把几块长短不齐的木板箍成一只水桶，结果就会发现，木桶的储水量多少并不取决于最长的那块木板，而是取决于最短的那块。如果要使这只木桶能装更多的水，只有将最短的那块木板加长。做人也如此，既要善于发现自身的短处，又要勇于承认短处，更要善于补短。如何补短，不仅需要勤奋学习，还要注意两点：一是如黑格尔所说的“知道限制自己”；二是善于吸取别人的长处。如果想有效吸取到别人的长处，一定要低姿态，一个谦虚的人必然能博采众长，用以充实自己，还会自觉地改过从善，提高自己的修养，从而得到别人的尊重。

正确地接受自我

一个人认识自我固然不易，接受自我则更难。接受自我就是对自己的本来面目抱认可、肯定的态度。一些不能接受自我的人，由于对本身的某个方面不满意，而可能拒绝承认自己本来的面目，不能如实地表现自己，竭力想把自己装扮成另外一个形象，把真正的自我隐藏在伪装的后面。这可能并非完全有意识的，却使自己不能自然地表现自己，而必然带来沉重的心理负担。

在这个世界上，真正的强者是那种能够战胜自己的人。

世界上最难克服的困难，就是自己的愿望；世界上最大、最顽固的敌人，也就是自己。能够战胜自己的人，是没有什么困难能够抵挡住的，也是可以战胜一切的。还是以你真实的面孔去面对每一个人，那样得来的赞誉才能终生受益。

正确面对周围的人

爱慕虚荣的人往往为他人的意见而活着，特别是他周围的人，其实，这完全没有必要。只要一个人有真才实学，即使他不刻意表现自己，也总有一天会赢得别人的尊重。

实际上周围的人的兴趣、爱好各不相同，生活习惯、语言表达方式不同，他们的判断标准不一定正确。如果能清醒地认识周围的人，就不会为他们所认可的各种各样的价值标准、审美标准所迷惑。对于一个人来说，不要怕被周围的人看低，可怕的恰恰是被别人看高了。看低了，你可以寻找机会全面地展现自己的才华，让别人一次又一次地对你刮目相看，你的形象会慢慢高大起来；如果被人看高了，刚开始让人觉得你很了不起，对你寄予种种厚望，可你随后的表现让人一次又一次地失望，结果会被人越来越看不起。

人们在失意时，容易遭到讽刺打击，在进取时也常常会受到讥讽和嘲笑，要生活得充实、安稳、潇洒，就要有充分的心理准备，不怕嘲笑讽刺，不怕挖苦打击。当受到别人的嘲讽时，不要用虚荣来挽救自己的面子，而要客观地分析一下，别人的嘲讽是否有道理，还应检查一下自己的行为是否正确。如果觉得自己没错，就坚持到底，用实际行动来感化和影响讽刺的人。对于恶意的嘲讽，最好的办法就是不屑一顾。在别人的嘲讽中发愤图强，在别人的嘲讽中活得有滋有味，这才是真正强者的人生。

正确找准自己的位置

人生一世，谁都不甘平庸，谁都想成就一番大业，不虚此生。可是由于社会背景、机遇、智商、文化、修养等的不同，一个人的理想或愿望，并不一定就能一一实现。在自己的目标没有达到时，要学会承认和接受现实，要自己寻找心理平衡。人们大都渴望和追求荣誉、地位、面子，人都不愿受辱，但虚荣心重的人，往往对客观外在的出身、家世、钱财、生死、容貌都看得很重。其实，一个人一生的道路是很宽阔的，每个人都有各自的活法，要以个人的条件为依据，努力去追求。要站得高，看得远，不为眼前的小是小非缠住手脚，从而排除各种干扰,奔向大目标。这样才能在滚滚的商品大潮中，坚守住自我，不张狂不自满，也才能有所收益。

自卑是一种自我的压抑，一种惧怕、损伤自尊心和虚荣心的压抑，因此人总要反抗压抑以求表现自已，当个人在生活的某些领域由于受到强大的压抑和外界优势的比较而感到无能为力时，他便会从另一个角度或几个方面以不同凡响的姿态、言论和行为表现自己，有时这种表现可能会像火山爆发一样的猛烈，令人震惊和感叹。

八、越陷越深的自卑

大部分人是因为对自己信心不足，而不能走出生存的困境。这就是说，缺乏自信，而在自卑的陷阱中挣扎，是这些人最大的生存危机，自然就会导致挫败。如果不能从自卑中挣脱出来，那么就成不了一个能克服危机的人。

从理论上说，天下无人不自卑，自卑的情绪在任何人身上都可能产生，几乎所有的人都存在自卑感，只是表现的方式和程度不同罢了。拿破仑·希尔认为，一般情况下，人们的自卑感的表现形式和行为模式大致有如下几种：

●孤僻怯懦型

深感自己处处不如别人，“谨小慎微”成了这类人的座右铭。他们不参与任何竞争，不肯冒半点风险。即便是遭到侵犯也听之任之，逆来顺受，随遇而安，或在绝望中过着离群索居的生活。

●咄咄逼人型

当一个人的自卑感在最强烈的时候，采用屈从的方式不能减轻其自卑之苦时，则转为争强好斗的行为方式：脾气暴躁，动辄发怒，即便为一件微不足道的小事也会寻求各种借口挑衅闹事。

●滑稽幽默型

扮演滑稽幽默的角色，用笑声来掩饰自己内心的自卑，这也是常见的一种自卑的表现形式。美国著名的喜剧演员费丽丝·蒂勒相貌丑陋，她为此而觉得羞怯、孤独、自卑，于是她运用笑声，尤其是开怀大笑，以掩饰内心的自卑。

●否认现实型

这种行为模式是自己不想看到，也不愿意思考自卑情绪产生的根源,而采取否认现实的行为来摆脱自卑。如借酒消愁，以求得精神的暂时解脱。

●随波逐流型

由于自卑而丧失信心，因此竭尽全力使自己和他人保持一致，唯恐有与众不同之处。害怕表明自己的观点，放弃自己的见解和信念，努力寻求他人的认可，始终表现出一种随大流的状态。

●高度敏感型

自卑感常常使人感到可怜，其中最主要的表现形式就是高度敏感，只要求别人对他人照顾较多，一旦对自己稍有怠慢，自己就觉得这是一种蔑视，别人只是要求改变一下约会，或约会迟到了一会儿，他就觉得在别人的心目中自己是无足轻重的。别人的一个毫无恶意的玩笑，他也会觉得深深地刺痛了他，于是很长时间闷闷不乐。

这种自尊心过强正是源自他的内心深处的强烈自卑，他的过敏是由于他内心的脆弱。他们好胜心强，总是试图胜人一筹，不服从权威，希望被每一个人所接受和喜欢，因此经常嫉妒他人。心理学家认为这是他们为减轻因自卑产生的心理压力而设计的宣泄渠道。人的一些缺点很容易遮掩，能很好地藏而不露，但是另一些缺点，却只有靠不断的、高度的警觉才能遮掩，力图遮掩这些不容易隐瞒的缺点，就更会使自己常常意识到它们，反而引起别人的注意，而且常常还因过分强调它们的严重性，引起本人的某些异常行为，这样就会使自己更加难堪。

●怨天尤人型

有些人为了掩饰自己的自卑，把对自己的不满投射到外界，投射到他人身上，变责己为责人，习惯地埋怨和责备他人的人自感无能，于是设法贬低他人来抬高自己。贪心和自私的人深感自卑，他们沉迷在自己的要求和欲望之中，不惜任何代价达到目的，以弥补自卑。他们很少有时间和兴趣去关心别人，甚至不关心那些爱自己的人，只沉迷于自己的问题。表面上看似乎有些自傲，其实是自卑的另一种表现形式。

自卑是一种消极的自我评价或自我意识。一个自卑的人往往过低评价自己的形象、能力和质量，总是拿自己的弱点和别人的强处比，觉得自己事事不如人，在人前自惭形秽，从而丧失自信，悲观失望，不思进取，甚至沉沦。一个人一旦被自卑情绪所俘虏，他的才智和创造力便会被扼杀，最后变成一个平庸的人。

●吹毛求疵型

一个自卑的人有时候故意挑别人的错，觉得别人不接受或不符合自己的标准，于是试图通过说自己正确，别人错误来弥补自卑感；或者迁怒于人，认为别人都欺负自己，厌恶周围的人，甚至有时会发展成嫉妒、仇恨、苛求别人，不肯认错。

他或者用一种优越性来炫耀自己内在感受的不足；或者用一种显示自己强壮有力的生活方式来欺骗心中的自卑；或者用对别人的统治，甚至施暴来补偿心灵的空虚。

那么，我们如何来战胜自卑呢？

自信是克服自卑最有力的武器，你觉得自己是什么样的人，自己就会成为什么样的人。你自卑，那么你将一事无成；你自信，那么你就会在人生的道路上实现你的价值。实际上人人都有自卑情结，只是程度不同而已。具有良好的心理素质的人对自卑具有极强的自控能力，他们的成功都是建立在自信基础上的。

这就是说消除自卑感，并不是让我们完全去掉自卑，而是让我们不要被自卑所压倒，建立起战胜自卑的自信心。

另外，当我们说自卑是一种缺陷的时候，主要是针对自卑情绪中不良的一面、不健康的一面。实际上，在人际交往中，自卑者比起那些狂妄自大、咄咄逼人者来说要讨人喜欢得多。因为他们往往比较谦虚，善于体谅人，很少与人争名夺利，安分、随和，为人处事小心谨慎，稳妥细致。一般人都会比较相信他们，并乐于与之相处。

从心理学角度来看，控制和矫正自卑可从以下几个方面着手：

正确评价自我

人最大的误区是不能正确认识自己，正确对待自己，并对自己的能力作出恰如其分的评价，有时只看到别人的优点，却看不到自己的长处。了解别人相对比较容易，了解自己却十分困难，这是因为了解别人时能比较客观，了解自己时却更多是主观臆断。低估自己必定低估目标，于是导致智力和能力的浪费。每个人都有长处与短处。如果只看短处不看长处，或者夸大短处缩小长处，就会形成自卑感，总觉得自己不可能超越别人。

一个人不可能样样都比别人差，一个人也不可能处处都比别人强，我们不能因为自己某方面的能力缺陷而怀疑自己的全部能力。不但要看到自己不如别人之处，还要看到自己的过人之处。这才是正确的比较方法。

苛求自己做个十全十美的人，苛求自己没有短处，这是不可能的。不必希求别人如何对待自己，也不必过分强求自己事事胜过别人，只有你意识到自己的优点，觉得你和别人一样重要，你才能做到不傲不谀、不亢不卑。自卑不仅能抹杀你的人格尊严，而且使你对自己没有了正确的评价。这就是说，一个人应该有自知之明，但不能妄自菲薄。

当认识到自己的短处时，就要设法弥补，要学会善于弥补自己的不足。具体来说：**(1) 扬长避短**。一个人总有其长处和不足之处，正如一个人某一器官有缺陷，而其他器官必定有完整的一样。人的某些心理功能缺失或发展不足，而其他心理功能还正常或有较好的发展，正所谓“失之东隅，收之桑榆”。这样，自卑的心理也就没有立足之地了。**(2) 善于照镜子，取人之长，补己之短**。如果遭受挫折之后，闭目塞听，见人绕道走，不愿意照照镜子，盲目保护“自我”，实为不明智的态度，应当以他人为镜，取人之长补己之短，振作精神，努力发扬自己的优点。**(3) 笨鸟先飞，以勤补拙**。明知自己在某些方面有缺陷，就下大工夫去弥补。当然，要做到这一点，自信心很重要，因为只有自己相信自己，乐观向上，对前途充满信心，并积极进取，才是消除自卑、促进成功的最有效的补偿方法。

对于自卑的人来说，还应注意的一点是：制定的目标要切合自己的实际，不宜定得过高。过高，超过了本身能力，虽竭尽全力，也难以达到，就容易引起失败感而自卑。好高骛远、志大才疏者容易犯此通病，到后来常常走向另外一个极端：心灰意懒，顾影自怜。有了成功就有了自信，随着成功的不断出现，逐步提高自己的目标，这样就越来越自信，越来越能摆脱自卑的困扰，从而产生成就感。

正确看待竞争

竞争是推动个体不断前进的一种精神动力，它的作用在于激励人们努力奋斗。有竞争，就会不可避免地出现胜利者与失败者，这是正常现象。在竞争中失败并不丢人，强中更有强中手，况且胜利和失败、超前和落后不是一成不变的，而是经常转换的，关键是要对竞争的本质有正确的认识。自然，看到许多同龄人比自己强，毕竟是一件令人惭愧的事，而冷静地反思一下造成自己落后的原因是必要的。科学表明，人的智商大多是不相上下的。人们的成就具有差距主要在于主观努力的不同，或者说，一个人的成就与他付出的心血和汗水是成正比的。

要积极参与竞争，但不把成败当做证明自己的优越还是低劣的唯一手段，不再把与他人相比作为衡量自信心的唯一标准。要认识到你和别人各有各的不同，各有各的优势，无法完全比较，要善于发现自己的长处，肯定自己的成绩。另外，不要处处与人竞争。有时心理不平衡，完全是因为处处把别人视为竞争对象，使得自己经常处于紧张状态造成的。其实人与人之间，应该以和为贵，只要你不把人家看成对手，人家也不会与你为敌。“谋事在人，成事在天。”只要尽其所能了，就没有什么值得遗憾的。当你排除生活中的琐事，关注自我存在时，这并不是自私、自负或高傲。你要时时勉励自己：不管生活多么严峻，我总是和自己在一起，我将在每天的生活中汲取有益的东西，理解人生的意义。

塑造坚强个性

假如你的自卑心理是源于性格上的弱点，那你就应该塑造自己的坚强个性。一个人是否产生自卑心理，与他的性格特征有很大的关系。具有自卑心理的人，往往气质抑郁、性格内向。他们将自己看得过低，对外界评价敏感，缺乏信心。

> 世界大文学家巴尔扎克有句名言："不幸是天才的垫脚石，是弱者的深渊。"

人们被自卑心理所困扰，丧失进取心，这与他们性格懦弱、内向、意志比较薄弱有很大的关系。美国心理学家对 80 名青年进行 30 多年的跟踪研究表明，成就最大与最小者之间最显著的差异不在于智力水平，而在于是否有自信心、有坚持性、不屈不挠、不自卑等良好的意志质量。

信任自己的能力

应该知道，你在世界上是独一无二的，即使找遍整个地球，也只有你一个，世界上根本不存在和你完全一样的人。每一个人都有自己的存在价值，要充满快乐、充满希望地去生活、工作，做一个真正的自己。每个人都有自己的优点，培养一

种自己的兴趣、爱好，或锻炼一种体育活动，有助于帮助自己解脱自卑，使自己逐渐有一种骄傲的感觉。只要有一项活动很拿手，尽管别的方面可能不如意，但你同样可以获得充实的感觉。只要你不懈追求，相信你不比别人差，就一定会成功。

马克思有句名言："自暴自弃，这是一条永远腐蚀和啃噬着心灵的毒蛇，它吸走心灵的新鲜血液，并在其中注入厌世和绝望的毒汁。"

坚强的自信是成功的源泉。在开始做一件事情之前，要充分信任自己的能力，要对自己的成功深信不疑，同时还要有创造精神。

自信是跨越自卑，战胜自卑的有力武器。它充满着对生命的信心，体现着生命中主动、积极、明亮的旋律，是生命的闪光点。

心理学上认为，悲观是人自觉言行不满而产生的一种不安情绪，它是一种心理上的自我指责，自我的不安全感和对未来害怕的几种心理活动的混合物。一般而言，容易悲观的人是与世无争的好人。即他们心地善良，洁身自好，习惯在处理事务中忍让，退缩，息事宁人。

九、惴惴不安的悲观

悲观成习的人绝不是个“马大哈”，他没学到“马大哈”对人对己的办法，不会得过且过，也不能对人对己都马马虎虎，相反，处事谨慎，处处提防自己行为不要出格。一旦有了行为的失检，总是害怕大难临头。同时，悲观的人也有很强的“良心”自监力，即使没有什么严重后果，他也绝不饶恕自己。

容易悲观的人常常是生活中的弱者，生性胆小、怯懦。他们不仅对自己的言行不检“负责”，甚至对别人的过错也“负责”。明明是别人瞪了自己一眼，他也会立即觉得自己肯定做了不好的事。

极端悲观的人常用反常性的方法保护自己。越是怕出错，越是将眼睛盯在过错上。一句话会后悔半天，人家并未介意的事他也精神过敏，他对人际冲突极为恐惧，去出去解决人际冲突的办事他也精神过敏。有时解决人际冲突的办法也很奇怪。比如自己的孩子被人家打了，他还跟着打自己的孩子，因为孩子给自己惹是生非。

平常的人也有悲观的情绪，表现为事情发生后的自我检查，总结不足，找出不足的原因，从而在以后的行动中作进步的校正器。但极端的悲观却是心理不健康的表现，必须进行适当调适。

对你的人生，如果只看到消极的一面，永远抱着悲观的情绪去面对，可能会使你错过许多机会。你忽视的一些问题，反而可能会改善你的人际关系和生活质量。如果你一直有一个悲观的世界观，那么你的注意力可能永远不会转移到对你有利的一面。正确地控制和调适悲观情绪，可以从下面几点入手：

不要仇恨世界

不要总认为整个世界都是和你做对，或者你不应该来到这个世界上。如果你这么认为，那是不合逻辑的，也太自我了。不要认为你已经看透了整个世界，事实上否极泰来，你永远无法预知未来。所以，你也永远不要认为事情总是你想得那么糟糕。

寻找你悲观的根源

很多已经根深蒂固的悲观情绪，它的源头可以追溯到你的孩童时期。因为那个时候，你的思想正在形成，而你的所见所闻会影响你做出的推定。如果你的成长过程中看到的大部分是失望、背叛和失败，那么现在的你作为一个成年人，对世界有这样的看法，是一点都不值得奇怪的。有的时候，我们也会受到父母悲观情绪的影响。不管哪种原因，悲观情绪的根源是你周围的环境，而悲观情绪也会因为环境很容易改变。

要明白过去不等于未来

即使你之前经历了痛苦和失望，但并不能说明这些就是你今后的全部。在你的过去，有很多事情是你无法控制的。从某种角度来说，每个人都会遇到自己生活中不幸的环境和经历——你也不例外。但是在我们的生命中，也有很多东西是可以一点一点去控制，去改变的。一天或者一周的开始比较糟糕，并不意味着你有一个悲惨的结局。不要因为开始不顺，就不自觉地自我应验了更糟糕的结局。

空想还是实干

你没必要太过于看重结果，害怕不好的结果。不要不停地去想发生了什么，你应该开始想想你可以做什么。如果你觉得现在的生活方式不快乐，你可以给自己设定一个目标，然后实现它，而不是停留在对不快乐的抱怨上。自己努力去赢得胜利远好于努力去避免失败。

认识到痛苦、失败只是生活的一部分，并不是生活的全部

生活本来就充满了风险和挑战，并不是每件事情都会有好的结局。痛苦、失败在所难免，你没有必要认为自己总会

痛苦、失败，因为你大部分时候，好的方面会比坏的方面多。

学会感激

每个人都有一些人或事情值得感激。成为乐观主义者的关键在于他能够意识到任何形势下的有利条件和事情的可能性，而且他总是认为现在的形势已经很好了。把在你身上发生的好的事情列一个清单，在你觉得消极的时候，拿出来看看，并提醒自己并不是什么事情都那么糟糕。

用正面的、积极的信条

用积极、肯定、正面的陈述，把你想改变的或者认为能够鼓舞自己的话写下来。贴到你每天都会看到的地方，提醒、激励自己。例如：

“凡事皆有可能！”

“我唯一可以控制的就是我的人生态度！”

“凡事总是有选择的！”

记住：生命是短暂的

如果你觉得悲观情绪左右着你的判断，你开始觉得对未来失去信心的时候，不要忘了提醒自己时间正在一分一秒流逝。悲观本质上是不切实际的，因为它让你在还没有发生，并且也不一定会发生的事情上浪费了时间，它阻碍了你完成应该完成的事情。

做一个平衡的乐观主义者

乐观过头就成为了极端乐观。如果你认为任何事情都会成功，坏的事情永远不可能会发生，那么你很有可能会做出错误的决定，而且别人也会很容易利用你的这一点。一个理性的乐观主义者，不管事情的好坏，他都会接受。“做最坏的打算，做最好的期望”——前者能让你更理性，后者会让你更乐观。

偏执是一种病态情绪，患上这种病的人，往往走极端，自以为是，分明是自己做错了，却总觉得是别人不对；当自己不能和别人取得一致意见时，从来不反思自己的过错，而总是去探究别人做错了什么。

十、缺乏清醒的偏执

不管是对人的偏执、对时代的偏执、对事物的偏执，都是于人于己不利的。因为，偏执容易顽固，不容易接受新事物。偏执的人，是独断专行的人、不民主的人、不灵活的人。

极端的偏执，是一种在前提错误的情形下的偏执。而如果有人能够以清醒的头脑、智慧的明眸，把这种偏执用到正确的地方，那么，这种偏执就应称为执著。

所以对于偏执，我们不是一概地排斥，而是应该合理地改造。即把引向一个错误方向的偏执，引导到一个正确的方向上。

在生活中，如果都能摒弃盲目偏执的情绪，善于倾听、接受别人的意见和建议，那么，我们就能避免失败和挫折，实现我们的人生目标，获得事业和生活的成功。为了避免出现偏执心理，你应该注意以下几个方面。

虚心听取他人意见

“满招损，谦受益”是哲人留给后人的一句可以千年护身的诤言。过度自信自满的人，他的“心”无法装其他东西。在这个瞬息万变的社会，随时需要更新知识、观念，大脑需要不断吸取养分，所以一定要虚怀若谷。这样才能吸收无尽的知识和资源，容纳各种有益的意见，从而使自己丰富起来。

俗话说：“良药苦口利于病，忠言逆耳利于行。”如果我们能虚心地听一听别人的意见，学习尊重别人的意见，肯定会对自己的认识有所补充和帮助。听取别人的意见等于自己分享了别人的知识和经验，自己得到了别人的支持和尊敬。因为别人对你提出意见或建议的时候，一定是经过深思熟虑的，或者是他自己以往的经验教训，这些对你来说，都是宝贵的财富，可以极大地开阔你的眼界。肯向你提出意见或建议的人，一定是对你非常信任的人，他的目的是想帮助你。如果你能接受他意见中合理的成分，那么他会有一种被人尊重和信任的感觉，他对你就有了一种责任感，他在以后的工作中一定会倾尽全力地帮助你，这样对你将有着巨大的帮助。

对于固执己见者来说，要尽量去了解别人的所思所想，特别是要了解与自己不同社会背景的人们的观点。这是克服偏执的最好办法。如果你觉得别人似乎缺乏理智、蛮横无理、令人厌恶的话，你就得提醒自己：在他们的眼中，你或许也是如此。有时候别人不一定能告诉你他的真实想法，因为，他可能被你的自以为是吓坏了。在这种时候，你要主动地让他们说话，让他们提出他们的看法。而当他们终于说出来的时候，你又应该加以分析研究，如果觉得别人说的有道理，就要虚心接受；如果觉得别人说的没有道理，就一笑了之。

不要轻易否定别人

社会中，人与人之间应相互理解，相互肯定，尤其是在与人讨论、交谈时，对于别人的见解我们不应轻易否定，即使其见解与你相左。如果能够做到理解别人、体贴别人，那么就能少一分盲目。要善于发现别人见解的独到性，只有这样，才能多角度地看问题，那么你就会发现在自己的立场上过于固执，有时显得多么得无知和可笑。如果截然相反的意见会使你大动肝火，这就表明，你的理智已失去了控制。假如有人坚持认为二加二等于五，或者冰岛在赤道上，你根本不会发怒，只是对他的无知感到哑然失笑。只有那些双方都没有令人信服的证据的事情，争论才会最激烈。因此，无论何时都要注意，别听到不同的观点就怒不可遏。透过细心观察，你会发觉也许错误在你这一边，你的观点不一定都与事实相符。

在人际交往中，让步是一种常用的处理问题的方式。让步不是懦弱、失去人格的表现，而是一种修养。让步其实只是暂时的、虚拟的退却，为进一步有时就必须先做出退一步的忍让；为避免吃大亏，就不应计较吃点小亏，况且有时听取了别人的意见，反而会使自己受益无穷。

我们要经常告诫自己：时势已迁，固有的经验，不一定适用现在这个环境。不要完全地、无条件地相信自己的第一感觉。第一感觉，毕竟是不全面的。同时还要克服自己的刻板态度，学得态度灵活一点。只有这样，在时间、地点、人物发生变化的时候，才不会死抱着原有的看法不变。

[redacted]

95
页

LINE THREE

修身 立世 中的 情绪管理

修身就是完善自身，改变自身。儒学里，把修身作为一个人立世创业的最根本。在修身的过程中，保持平稳的情绪，则是非常重要的一个方面。可以说，修身的过程，就是控制情绪、调适情绪、管理情绪的过程。

一、具备自知之明

现代社会学者告诉我们，一个人的成功与否，与智商固然有一定的关系，但是，更重要的因素是一个人的情商。那么，什么是情商呢？约翰·迈耶和皮特·萨洛维两位教授正式给这个概念下了个定义。按照他们的解释，情商是一种人的能力，即观察和辨明自己和他人的感情与情绪，并区别对待，然后利用这些信息指导自己的思想和行为的能力。

因此，我们可以将情商看作如何有效控制他人以及自己情绪的能力。高情商的人最主要的是很有自知之明。他们知道自己的优点和弱点，并能换个角度考虑问题，认识到他们的行为是怎样影响自己和他人的行为。也就是说，情商高的人不仅能认识到让他们产生情绪的原因是什么，而且还明白他们的反应会产生什么样的影响。

另一方面，情商低的人连自己也认识不清，不知道自己的言行会对别人产生什么样的影响，因此他们没有能力改变自己的行为获得想要的结果。因此，误解丛生，分歧依旧，脾气突然爆发，情绪自然受到了不良影响。由此可见，正确认识自我，是情商的一个重要组成部分。

据说在阿尔卑斯山的入口处，就写着“认识你自己”这样一句警语，让人们永远记住这句话。因为只有认识了你自己，你才能变得睿智，你才能胜不骄、败不馁，才能“不以物喜，不以己悲”，踏踏实实过自己的人生。

中国传统典籍的《道德经》中也认为，能觉悟到自己的优点和缺点、能知道自己的长处和短处者可谓高明。之所以这样说，是因为人要做到自知是很不容易的，古往今来的人们都承认这一点，而且在说到自知的不易时常以“目不见睫”来作比喻。是啊，每个人都有一双眼睛，这双眼睛能观天文、识地理、看社会，唯独对眼皮上的睫毛视而不见，所以唐代诗人杜牧也发出了“睫在眼前长不见”的感叹。由此可以悟到，一般情况下，我们发现别人的短处和劣势较容易，而发现自己的短处和劣势就如“目不见睫”一样困难了。所以，人们要用一个“贵”字来形容自知之明的难能可贵和崇高的价值。

楚汉相争，刘邦打败项羽，有人为他歌功颂德，他却说：“运筹帷幄之中，决胜于千里之外，吾不如子房；镇国家，抚百姓，给馈饷，不绝粮道，吾不如萧何；统百万之军，战必胜，攻必取，吾不如韩信。此三者，皆人杰也，吾能用之，此吾所以取天下也。”

明末清初博学多才的顾炎武，在《广师》一文中说：“坚苦力学，无师而成，吾不如李学中；险阻备尝，与时屈伸，吾不如路安卿；好学不倦，笃于朋友，吾不如王山石。”

刘邦、顾炎武都讲了三个“吾不如”。刘邦是封建皇帝，顾炎武是饱学之士。尽管他们所处的历史时代和阶级地位不同，所说的“吾不如”的内容也有区别，但其精神实质却是差不多的。共同之点是人贵有自知之明，人要了解自己、认识自己。自知是做人的最起码要求。有了自知，一个人才能为自己的所处的环境有一个准确的把握，才能知道自己的工作能力、学识水平、社会关系、家庭、社会背景等处在一个什么样的状况下，面对自己的现实情况，来把握自己的人生旅途，才能充分发挥自己的聪明才智，生活得才能充实。

可悲的是，往往会有很多人不能做到这点，不能正确认识自己，从而在悲惨中度过了一生。这些人不是高估自己就是低估自己，如果说低估了自己，还有某种程度上的心理平衡的话，高估自己所带来的悲剧性后果，让人目不忍睹。

有的人望子成龙，对子女的现实情况不了解，一味地给孩子施加压力，追求孩子能上个好学校、名牌学校，家长的愿望是好的，但脱离了实际，你根本就不了解自己的孩子，到头来事与愿违；有的大学毕业后，想选一个较好的职业，这无可非议，但是你要有自知之明，你要针对自己的专业和特长而选，可是现实中有多少大学生因理想远大而在继续失业，又有多少大学生因选不对自己的专业在现有的工作岗位不能发挥自己的特长而感到痛苦；有的在单位工作这山望着那山高，在好单位工作不知足；还有的不顾自己的现实和周围的环境，一味地追求“进步”，为了上一个台阶，逢风就是雨，见缝就插针，一心一意想当官，从中施恩行贿，到头来鸡飞蛋打，不仅没有达到目的，而且还因贪污腐败、行贿受贿触犯了刑律。这类似的例子不胜枚举，究其原因，就是在于对自己没有一个客观的认识，弄不清楚自己的优点与缺点。只有“自知”，才可能知其该做不该做，怎么去做。只有明白自我，才能悟出做人不走弯路的道理。

可以说，自知之明是透过多年人生风雨而修炼而得到的一种素质，只有自知之明，人生才能进入可贵的境界。

二、避免妄自菲薄

妄自菲薄，就是过分地看轻自己。这是一种消极的自我评价或自我意识，即认为自己在某些方面不如他人而产生的一种低落情绪。妄自菲薄的人总认为自己事事不如人，自惭形秽，丧失信心，进而悲观失望，不思进取。

妄自菲薄的人总会觉得自己在别人面前矮三分，总觉得自己的人际关系不如别人，总觉得自己不如别人的气质好，总觉得懂得没有别人的多……自己不如别人的太多、太多……好像看到别人的总是优点，自己却一无是处。

造成这种结果的原因，就是因为他们只看到了自己身上的缺点，而没有发现自己身上的长处。其实，对于一个人来说其最难做到的就是正确地认识自己，欣赏自己，与自己和谐地相处。通常人们总是喜欢用大众的标准来要求自己，框定自己。常常会看到别人是如何如何的优秀而看到自己的缺点与不足。要知道，能看到自己的长处使自己更好地发展下去是十分重要的，同时还不至于使自己陷入失败者的阴影之中，从而使自己快乐。

曾有一位女士，在大众的眼里，长得是胖了点，然而却非常的可爱。她工作非常出色，人缘也很好，年纪并不大，年收入也非常可观。可她就是跟自己过不去，采用各种方法减肥，花去数十万元不说，可是一点儿效果也没有。后来她终于想明白了，说：“上帝是公平的，他赐予我胖胖的身体，却在其他方面最大限度地补偿了我。我发现自己做什么事都很顺，机会运气也很好。”笑容真正地回到了她的脸上，那一刻她发现了自己是多么的迷人。

医学之中有一个跨栏定律，说的是：每当你自身有某个缺陷的时候，必定会有其他优势会进行补偿，只是需要你去努力发现而已。

有的人活着仅仅会欣赏别人，而不会欣赏自己，其实自己也和别人一样，有着属于自己的一片风景与天空、空气、阳光，寒来暑往，甚至还有别人所未曾拥有过的一朵花，一阵鸟鸣……欣赏一下自己吧！此时的你就会发现，天空一样高远，大地一样宽广，平凡的你也有属于自己美丽的风景。正如书上说的“人生就像一幅画，而时间就像是画笔，当你走一步，时间就在你身上画一道色彩，等你走完了一生，一幅绚丽的风景也就制作成功了”。其实，也不是每个人都能这样感知人生的。就如那些在生活上仅受到点点的挫折，在事业上

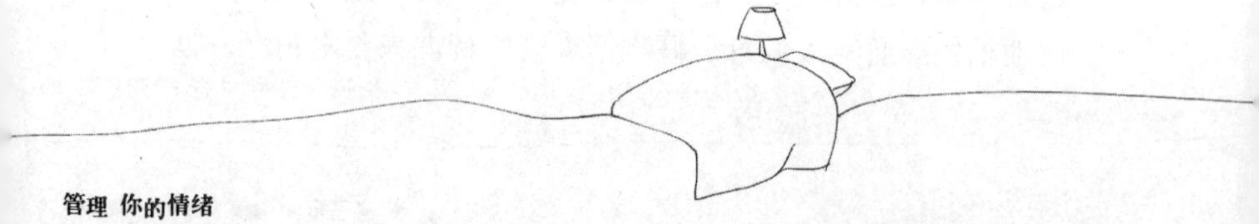

受到点点的不如意，就如同走到了生命的尽头似的，头也不回，甚至对于所爱和爱自己的人一点留恋的机会都不给，对于如此的人生算是感知人生吗?

蚂蚁难道能与大象相比吗？蚂蚁能和大象相比些什么呢？可以想象，一只小小的蚂蚁怎么能和身躯庞大的大象相提并论呢？是不是有点太自不量力了，它们之间的反差太大了啊。但是如果换个方式比的话，会怎么样呢？比如说，不比力气大小，就比一下谁的身体小，蚂蚁能够在小孔里自由地钻进钻出，而大象对这却只能干瞪眼了，这种情况下蚂蚁就具有了一定的优势。又有人会说，你这不是强词夺理吗?哪有这样的比法。那就再换个方式比较一下看看。蚂蚁虽小，但它能够轻松搬动几倍于自己体重的物体，大象却无论如何做不到这一点。由于它本身的体重巨大，它的力气固然非常的大，然而如果让它搬动比自己身体体重大几倍的物体却如何也做不到。对于这点，小小的蚂蚁却毫无疑问地又胜过了大象。

世上本没有十全十美的东西，即使你的本事再大，你也总会有不如别人的地方，同样的道理，即使你再怎么不行，也总有比别人强的地方。也许你先天有智力障碍，但你拥有音乐天赋，透过拼搏，说不定你能成为一位小提琴手，也许你今生都无法走路，但是你只要拥有一颗聪明的脑袋，透过自己的一番努力，你就很有可能会成为一位商界精英。

尺有所短，寸有所长，其重要的是你不能妄自菲薄，要正确地对待自己，认识到自己的优缺点所在。每个人都有自己的优点和缺点，在任何时候，我们都需要善待自己，理解自己，掌握自己，不要只看到自己的优势和长处，也不要只看到自己的短处和不足。正像有人说的，消极时想想自己的长处，得意时想想自己的不足，只要心态平和！不要刻意地去关注自己的不足，其实人人都有缺陷，我们需要做的就是把握和发挥自己的长处，取人之长补己之短，用长处去弥补自己的不足。即使无法和别人相比也没有什么要紧，人的一生其实就是充满着机遇与挑战的，在人生的许多时候，如果你能换个角度去看待的话，那么你自身的短处与不足就有可能正是你的优势所在，就看你如何去发挥了。

人的一生“活过”、“爱过”、“拼过”这三个过程，又有几个人能够真正地体味过呢？人生如此的短暂，然而，懂得珍惜生命的又有几个呢？在这繁杂的世界之中又有几个人的内心里充满着爱和希望？

人活着应该相信自己才是众多人当中最优秀的一个，如果能够如此去想就不会把自己给忽略，给耽误，给丢失掉，除此之外还必须有充分的信心和非凡的勇气去面对自己的人生，欣赏自己的生命，有着如此的人生态度，那么你的人生才是最美丽的，最快乐的。

尽管社会在不断发展，但是抑郁症、自杀心理、性心理疾病等心理问题，也呈现逐渐增多的趋势。对于这些心理问题，日本心理学专家经过多年研究观察，发现患者在发病前的性格倾向，都是做事认真、追求完美。这些做事认真踏实的人往往容易得到社会的承认，获得一定的社会地位。他们不害怕失败，但总是认为失败的责任全在于自身，不能摆脱失败的阴影，他们往往将自身责任看得很重，最终被责任压垮。

三、不要被完美所累

追求完美的人，往往是一些成功人士。

对这些人来说，追求尽善尽美是理所当然的。他们从未想过，正是这种似乎无关紧要的态度，给他们的生活带来了巨大的压力。

如果进一步分析，有些渴望完美的人是出于一种自我保护的需要。假如一个人缺乏自信，生活上屡遭挫折，那么他的安全感就受到了伤害，这种伤害需要透过其他途径来加以补偿。无须仔细观察就可以发现，生活中每干一件事就想把它做得完完美美的人，并不是一个强者。因为这些追求完美、企望毫无瑕疵结局的人，只会把自己保护起来而免受他人的指责和讥讽，不敢也不愿去面对残酷的现实，结果总是一事无成。

很多时候，我们的烦恼不是来自于对“美”的追求，而是来自于对“完美”的追求。由于刻意追求完美，我们不能容忍缺陷的存在，结果，经常一点小小的缺陷，就可能遮蔽住我们审美的眼睛，使我们的目光滞留在缺陷上，而忽略了周围其他的美好之处，以致错过了许多美好的东西。

有这样一个故事：一位老和尚想从两个徒弟中选一个做衣钵传人。一天，老和尚对徒弟说，你们出去给我拣一片最完美的树叶。两个徒弟遵命而去。时间不久，大徒弟回来了，递给师傅一片并不漂亮的树叶，对师傅说，这片树叶虽然并不完美，但它是我看到的最完整的树叶。二徒弟在外面转了半天，最终却空手而归，他对师傅说，我见到了很多很多的树叶，但怎么也挑不出一片最完美的……最后，老和尚把衣钵传给了大徒弟。

“拣一片最完美的树叶”，人们的初衷总是美好的，但是如果不切合实际地一味找下去，最终往往只会吃尽苦头，直到这一天你才会明白：为了寻求一片最完美的树叶，而失去许多机会是多么的得不偿失。况且人生中最完美的树叶又有多少呢？世间的许多悲剧，正是因为一些人热衷于追求虚无飘渺的最完美的树叶，而忽视平淡的生活，其实平淡中往往也蕴涵着许多伟大与神奇，关键是你以什么样的态度去面对它。

有关心理学研究证明，试图达到完美境界的人与他们可能获得成功的机会恰恰成反比。追求完美给人带来莫大的焦虑、沮丧和压抑。事情刚开始，他们在担心着失败，生怕干得不够漂亮而辗转不安，这就妨碍了他们全力以赴去取得成功。而一旦遭到失败，他们就会异常灰心，想尽快从失败的境遇中逃避开去。他们没有从失败中获取任何教训，而只是想方设法让自己避免尴尬的场面。

据专家们称，完美主义者在日常生活中通常有以下 6 种表现：

●神经非常紧张，以至于连一般的工作都不能胜任；

●不愿冒险，生怕任何微小的瑕疵损害了自己的形象；

●不能尝试任何新的东西；

●对自己诸多苛求，毫无生活乐趣；

●总是发现有些事未臻完美，于是精神总是得不到放松，无法休息；

●对别人也吹毛求疵，人际关系无法协调，得不到别人的合作与帮助。

很显然，背负着如此沉重的精神包袱，不用说在事业上谋求成功，而且在自尊心、家庭问题、人际关系等方面，也不可能取得满意的效果。他们抱着一种不正确和不合逻辑的态度对待生活和工作，他们永远无法让自己感到满足，每天都在焦灼不安中度日。

只求完美、害怕失败，长此以往会使人的精神处于瘫痪的境地。如何从追求尽善尽美的诱惑中摆脱出来？这里给读者朋友们提供几点建议：

有一分热就发一分光

既不要估得太高，更不必过于自卑，有一分热就发一分光。你如果事事要求完美，这种心理本身就会成为自己做事的障碍。不要在自己的短处上去与人竞争，而是要在自己长处上培养起自尊、自豪和对工作的兴趣。

重新认识“失败”和“瑕疵”

一次乃至多次的失败并不能说明一个人价值的大小。仔细想一下，如果从不经历失败，我们能真正认识生活的真面目吗？我们也许一无所知，沾沾自喜于愚蠢的无知中。因为成功仅仅能坚定期望的信念，而失败则给了我们发现问题和解决问题的宝贵经验。人只有经受住挫折的失意才能达到成功的巅峰，亡羊补牢，犹为未晚。更不必为了一件事没做到尽善尽美的程度而自怨自艾。

为自己确定一个可行的目标

寻找一件自己完全有能力做好的事，然后去把它做好。这样你自然会轻松起来，办事也会更有信心，同时你的创造力能够得到充分的发挥，随之而来工作成效不就会慢慢浮现出来了吗？人生有时真的好像一个万花筒，在你不追求出类拔萃，而只是希望表现良好时，反而会取得出乎意料的佳绩。

四、知足才能常乐

如今，不管是物质条件，还是精神生活，都不可能与以前相比较。然而生活上的抱怨却不绝于耳，物质上富足了，却缺少了昔日的那种充实与真诚。盲目攀比的心理使人们感到无比的浮躁，经常会造成情绪的失衡和满腹的牢骚与怨气，于人于己、于公于私，都不能不说是一患。有的抱怨工作不如意、有的抱怨仕途不得志、有的抱怨经济收入低、有的抱怨入不敷出、有的抱怨社会对己不公、还有的广忧天下，对一些社会现象而感到愤愤不平……

如何面对竞争，在竞争的社会里怎样生活，是每个人应严肃对待的问题，谁也无法回避。如果不能正视差异，总是想着这不如人那不如人，自己跟自己过不去，陷入自怨自卑自傲的困惑却不能自拔、萎靡不振，不去发奋努力去创造条件改变环境，更不能正视现实，脚踏实地干出点成绩来。一事当头，先为个人打算，就永远摆脱不掉“不知足”的烦恼与劳累，为人处世不仅不能善待他人，宽容他人，还不能有自知之明,更不能审时度势。到头来只会看这不顺心那不顺眼，虽然想入非非，但又无可奈何，进入自己和自己过不去的怪圈，最后以悲观厌世、自暴自弃而告终。

其实，人们追求的名、权、利皆是过眼云烟，生不带来死不带走的东西，我们不应该把它看得太重。世界上根本就没有十全十美的人和事，知足了，就可以让自己活得更加轻松，知足了，就可以给他人少添很多的麻烦……

但是，知足常乐并非阿Q精神，它是一种自我解脱，是调整情绪、取得心理平衡的安慰良药。拥有它，你就会变得豁达开朗，心胸宽阔，而快乐也将会常伴你的左右。

知足是一种处世态度，常乐是一种幽默释然的情怀。知足常乐，其可贵之处在于调节。可以从纷纭世事中解放出来，独立地享受个人妙趣融融的空间，对内发现自己内心的快乐因素，对外发现人间真爱与秀美自然，把烦恼与压力抛在九霄云外，进一步拥抱浅景淡色与花鸟虫鱼。知足常乐，对人间的事情坦然地面对，欣然接受；对情，琴瑟共鸣，相濡以沫；对物，能透过下里巴人的作品，品出阳春白雪的高雅。做到知足常乐，良好心态就会和待人处世并驾齐驱，充满和谐、平静、适意、真诚。这可谓是一种人生的底色，在我们都在忙于追求、拼搏而找不着方向的时候，知足常乐，这种在平凡中渲染的人生底色所孕育出的宁静与温馨，对于风雨兼程的我们来说是一个避风的港口。体憩整理之后，毅然前行，所有的这些都来源于我们自身的平和不竭的动力。真正做到知足常乐，人生自然就会多一份从容，多一些达观。

古人的“布衣桑饭，可乐终身”就是一种极其典型的知足常乐范例。“宁静致远，淡泊明志”中蕴涵着诸葛亮知足常乐的清高雅洁；沈复的“老天待我至为厚矣”表达着知足常乐的真情实感。更多的时候，知足常乐是融合在平平淡淡才是真的意境中。知足常乐，是一种人性的本真，在孩童时代，我们会为拥有自己梦想得到的东西而喜上眉梢，笑逐颜开，烙下一串串深刻的记忆，今日重温，也许会忍俊不禁，无论行至何方，所处何位，知足常乐永远都是情真意切的延续。

然而，知足常乐，并不像在成绩簿上睡大觉那样沾沾自喜，盲目乐观，矫揉造作，狂放不羁。事情的发展不可能一蹴而就，在这个层面上，知足常乐符合辩证唯物主义原理。要懂得运用辩证唯物主义的观点去分析问题，要做到洞察清楚暂时的成功，那么对于以后的乐于进取，乐于开拓，为将来取得更大的成功鼓足信心，做好充分的准备。乐观的心态才不至于扭曲前进的风帆。知足常乐，真正意义上是个人永远追求的精神基站。

很多事情都是只有我们经历过了，才能够懂得它们是十分珍贵的，最主要原因是我们遗落了那一份曾经拥有时的心旷神怡。现代人匆匆的脚步已定格为一种时代的风景，竞争与挑战接踵而至，在前进的道路上，当我们取得了一些成绩的时候，如果我们都能乐由心生，对待困难的情绪，就会如阳光般朗朗映照。知足常乐，在烦躁与喧嚣中，会过滤一种压抑与深沉，沉淀一种默契与亲善，澄清一种本真与回归，久而久之，步伐轻盈，精力充沛。

小说《笑傲江湖》里有一句话：“莫思身外无穷事，且尽生前有限杯。”这确实不失为一种人生感悟，点出“人生一世，草木一秋”的真谛。如果人世间的每个人都能够做到知足常乐，那么世间就会少一点横眉冷对，多一些笑脸相迎。

在现实的社会生活中，有些人常常不知足，他的快乐只建立在不断追求与争取的过程中。他们得过且过，对前途失去信心。这些人始终无法断言怎样才算成功，也无法肯定当自己到达某一点之后才会快乐,才会知足。造成心理上承受压力，处于紧张、焦虑状态，导致吃不香睡不好，影响情绪，还影响健康。因此,对于每个人来说,特别是在现代快节奏生活中,学会自我减压，从而达到知足常乐的境界是一种明智之举。

有一首《知足歌》写得非常的好:“行也安然，坐也安然，贫也安然，布衣得暖胜似锦。早也香甜，晚也香甜，大鱼大肉固香甜，粗茶淡饭更香甜。名也不贪，利也不贪，恬淡寡欲，清静无为，宁静致远，知足赛过长生药。”这首《知足歌》不仅是增强个人修养的有益之言，而且还是促进个人健康长寿的经验之谈。

毕竟人的欲望是没有止境的。在你失去健康的时候，你最希望的莫过于拥有健康；当你真正拥有健康的时候，其实，你并没有觉得健康对于你来讲有多么的重要，你想拥有更多。比如金钱、权势等。当你也拥有它们的时候，也许，你的心还不能得到满足，因为，你还想拥有其他你不能拥有的东西。

很久以前有这样一个故事，说的是有一个人，他到深山里面寻找他想得到的宝石。当他已经如愿以偿，寻找到了一颗又大又亮的宝石时，猛地一抬头，看见前面的山上，还有一颗比他手里那颗更大更美的宝石，在山坡上发出光彩夺目的光芒。于是，他便毫不犹豫地扔下手中这粒，往前面那座山上爬过去。当他千辛万苦把那颗宝石取到手中的时候，才发现，这一颗还不如自己曾经丢弃的那颗大，更没有自己所拥有的那颗华美。此时的他后悔不已。

在现实生活中，不知足的人可以说比比皆是。有的人得到了好的职业之后，还想拥有丰厚收入；有的人娶了漂亮的妻子，还想尝尝偷情的味道；有的人争取了美食名车，还想居高临下指挥别人……在他们心中，人来到世上，就应该获得这个世界上已经出现的一切。他们不懂得一个人追求欲望应该有个限度，更不懂得欲望有时像一个魔鬼，可以把人拖进万丈深渊。

正应了《梅州风采》中《不知足歌》所唱的那样："终日忙忙只为饥，寻得饱来便思衣。衣食二般皆丰足，房中还少美貌妻。聚得娇妻并美妾，恨无田地少根基。谋得田园宽又广，出入无轿少马骑。骡马成群轿也备，叹无官职被人欺。五品六品嫌官小，又想朝中挂紫衣。心满意足为天子，还想万世无死期。诸多妄想无止境，一朝棺盖问何如？"

因此，只有学会知足，我们才能用一种超然的心态去面对眼前的一切，不以物喜，不以己悲，不做世间功利的奴隶，也不为凡尘中各种搅扰、牵累、烦恼所左右，使自己的人生不断得以升华；只有学会知足，我们才能在当今社会愈演愈烈的物欲和令人眼花缭乱、目迷神惑的世相百态面前神凝气静，能够做到坚守自己的精神家园，执著地追求自己的人生目标；只有学会知足，才能够使我们的生活多一些光亮，多一份感觉，不必为过去的得失而感到后悔，也不会为现在的失意而烦恼。从而摆脱虚荣，宠辱不惊，心境达到看山心静，看湖心宽，看树心朴，看星心明……

如今在生活中的人们大多数都觉得活得非常累，不堪一切重负。大家很是纳闷，为什么社会在不断进步，而人的负荷却更重，精神越发空虚，思想异常浮躁。的确是这样的，社会在不断前进，同时也更加文明了。然而文明社会的一个缺点就是造成人与自然的日益分离，人类以牺牲自然为代价，其结果便是陷于世俗的泥淖而无法自拔，追逐于外在的礼法与物欲而不知什么才是真正的美。

五、做到宠辱不惊

对于金钱的诱惑、权力的纷争、宦海的沉浮让人殚精竭虑。是非、成败、得失让人或喜、或悲、或惊、或诧、或忧、或惧，一旦欲望不能够得以实现；或者一旦所想的难以成功；一旦希望落空成了虚无缥缈的幻影，就会失落、失意乃至失志。

失落是一种人心理上的失衡，自然要靠失落的精神现象进行调节；失意是一种心理倾斜，是失落的情绪化与深刻化；失志则是一种心理方面的失败，也是心理上彻底的颓废，是失落、失意的终极表现。那么，应该怎样办呢？这就要学会调摄情绪，做到宠辱不惊。

《幽窗小记》当中有这么一副对联：“宠辱不惊，看庭前花开花落；去留无意，望天空云卷云舒。”一幅寥寥数语的对联，却深刻地道出了人生对事对物、对名对利所应该持有的态度：

得之不喜、失之不忧、宠辱不惊、去留无意。做到了如此才能够心境平和、淡泊自然。一个“看庭前”三字，大有躲进小楼成一统，管他春夏与秋冬之意，而“望天空”三字则又显示了放大眼光，不与他人一般见识的博大情怀；一句云卷云舒则更有大丈夫能屈能伸的崇高境界。与范仲淹的不以物喜，不以己悲，实在是有异曲同工之妙，更表现出了古人的旷达风流。

宠辱不惊，可谓是一门人类生活当中的艺术，同时还更是一种明智的处世智慧。人生在世，生活当中有褒有贬，有毁有誉，有荣有辱，这是人生的寻常际遇，无足为奇。

古人云：“君子坦荡荡。”为君子者，无妨宠亦坦然，辱亦坦然，豁达大度，一笑置之。得人宠信时勿轻狂，千万不要忘记“贺者在门，吊者在闾”；受人侮辱的时候切忌激愤，犹记“吊者在门，贺者在闾”。如此清醒地去面对，就不难达到“不以物喜，不以己悲”的思想境界。

做到这样境界的人就能够从容地面对生活和事业的种种考验与磨难，就一定会实现人生的理想。古往今来万千事实证明，对于所有那些成业有所就的人们没有一个不具有“宠辱不惊”这种极其可贵的品格。

范仲淹是北宋时期著名的政治家，“庆历新政”的代表人物。正因为他谨守“先天下之忧而忧，后天下之乐而乐”的人生宗旨，因此在他谪居邓州之时，能够做到从容处之，做到“心旷神怡，宠辱皆忘，把酒临风，其喜洋洋”。从范老夫子的这句话里，不难窥见一种自尊自强的人格魅力，一种淡泊名利的洒脱与机智。

不过，宠辱不惊，去留无意说起来容易，然而要想做起来却十分的困难。我们毕竟是凡夫俗子，红尘的多姿、世界的多姿多彩实在令大家怦然心动，名利皆你我所欲，又怎么能够不忧不惧、不喜不悲呢？否则也就不会有那么多的人穷尽一生追名逐利，更不会有那么多的人失意落魄、心灰意冷了，我国古代的贬官文化即是一个极好的明证。其关键是你如何对待与处理的问题。首先，要明确自己的生存价值，从来功名输勋烈，心底无私天地宽。如果心里面没有过多的私欲的话，又怎么会患得患失呢？其次，要能够认清楚自己所要走的路，得之不喜，失之不忧，不要过分在意得失，不要过分看重成败，不要过分在乎别人对你的看法。只要自己努力过，只要自己曾经奋斗过，做自己喜欢做的事，按自己的路去走，外界的评说又算得了什么呢？东晋陶渊明之所以有如此豁达风流，就在于淡泊名利，不以物喜，不以己悲，才可以用宁静平和的心境写出那洒脱飘逸的诗篇。这正可谓真正的宠辱不惊、去留无意。

人不可能总处在非生即死的严重关头，因此，我们必须要做出“爱有甚于生，恶有甚于死”的抉择，更多的是流水岁月，平常交往，琐琐细细地生活，更需要坦荡洒脱和宠辱不惊的做人准则。即使平常的日子根本就没有冲突与矛盾，思想与心境也不会是一潭止水，同样有对待宠辱的态度问题。

有一位年轻人，是初中的数学教师，因为他的课讲得非常好，因此，在学校的学生和教师当中的威信非常的高，与他年龄相仿的教师，有好几位陆续提升为教导主任和校长，然而他却依然如故。有人问他有没有感到不公，他却平静地说，“我也并没有为此而感到不公平，教书是自己的所长，当官是他们的所长，当官受人尊重，教好书同样受人尊重，所以，我不能弃长就短，当不好官，反而还会让别人瞧不起。”听了他所说的这些话，那人很是感动。

的确，做人就是要认识自己，相信自己，踏踏实实地走自己的路。要具备一颗平常心，做好每天应该做的每一件事情，学会享受生活，享受做好一件事所带来无限的快乐，这样就会有足够的力量来进行承担即将到来的挫折与痛苦。

只有做到了宠辱不惊、去留无意方能心态平和，恬然自得，方能达观进取，笑看人生。“生亦欣然，死亦无憾。花落还开，水流不断。我兮何有，谁欤安息。明月清风，不劳寻觅。”（赵朴初居士的诗偈）

宠辱不惊的人总有一份宽松闲适的情绪和表现，这是文化陶冶和道德修养的体现。“君子坦荡荡，小人长戚戚”（《论语·述而》），此句话可谓说得入木三分。当然，对于如此的人根本就不是无所用心，饱食终日，游手好闲，与世浮沉，而是进入一种高尚的人生境界。这是心怀恬淡，没有什么非分之想，不仅有所作为，也有所不为，不仅要保持独立的操守，又有和光同尘，知足不辱的人生状态。

要想使一个人做到宠辱不惊，就必须要做好能经受宠辱的准备。挫折、失败、成功、顺利，是人生历程，伴随的是外界的评说，是他人关于宠与辱的舆论。宠辱不惊是感觉和心态，不是来自外界，是自身的心理状态，是自我意识，承受能力，是自信和成熟。其实人生真正的收获和进步，常常是在遭受到委屈的时候所能够得到的，这时候才能弃旧图新，自励自强。有意识委屈自己的过程，正好是超越自己的过程，是自我蜕变与升华的过程。还有谁会说这不是一种使人生轻松的需要呢？

在人生的路上，无论我们走得多么顺利，只要稍微遇上一些不顺的事，就会习惯性地抱怨上天亏待我们，进而祈求老天赐给我们更多的力量，帮助我们渡过难关。

六、不要怨天尤人

一个经常失败而又不知道从哪里爬起来的人，在寻找失败的借口和原因时，也往往习惯于责备社会、制度、人生，也常常会抱怨运气太背。对于别人的成功与幸福，总是愤愤不平。因为他认为，这些都足以说明生活使他受到不公平的待遇。

愤愤不平是企图用所谓不公平的待遇、不公正的现象来为自己的失败辩护，使自己感到好过一些。可实际上，作为对失败者的安慰，怨天尤人是非常不可取的办法，甚至比生病还糟。怨天尤人是精神的烈性毒药，它使快乐不能产生，并且使成功的力量逐渐消耗殆尽，最后形成恶性循环，自己并没有多大本领而又非常怨天尤人的人，几乎不可能和同事相处得好。对于由此而来的同事对他的不够尊重或者领导对他工作不当的指责，都会使他加倍地感到愤愤不平。

怨天尤人是使自己觉得自己重要的一种习惯。很多人以“别人对不起我”的感觉来达到异常的满足。从道德上来说，不公正的受害者和那些受到不公平待遇的人，似乎比那些造成不公正的人要高明。

整天心怀怨气的人，是想在人生的法庭上证明他的案子，如果他有怨天尤人之感就证明生活对他不公平，而有一些神奇的力量将会澄清那些使他产生怨恨的事情，使他得到补偿。

从这个意义上来说，怨天尤人是对已发生之事的一种心理反抗或排斥。怨天尤人的结果是塑造劣等的自我形象。就算抱怨是真正的不公正与错误，它也不是解决问题的好方法，因为它很快就会转变成一种习惯情绪。一个人习惯于觉得自己是不公平的受害者，就会定位于受害者的角色上，并可能随时寻找外在的借口，即使对最无心的话在最不确定的情况中，他也能很轻易地找到不公平的证据。

习惯性的怨天尤人一定会带来自怜，而自怜又是最坏的情绪习惯。这个习惯已根深蒂固，如果离开了这个习惯，就会觉得不对劲、不自然，而必须开始去寻找新的不公正的证据。有人说这类人只有在苦恼中才会感到适应，这种埋怨和自怜的情绪习惯，会把自己想象成一个不快乐的可怜虫或者牺牲者。

产生怨天尤人的真正原因是自己的情绪反应。因此，只有自己才有力量克服它，如果你能理解并且深信：怨天尤人与自怜不是使人成功与幸福的方法，你便可以控制住这种习惯。一个人如果总是忿忿不平，他就不可能把自己想象成自立、自强的人，他就不可能成为自己灵魂的船长、命运的主人。怨天尤人的人把自己的命运交给别人，把自己的感受和行动交给别人支配，他像乞丐一样依赖别人。若是有人给他快乐他也会觉得怨天尤人，因为对方不是照他希望的方式给的；

若是有人永远感激他，而且这种感激是出于欣赏他或承认他的价值，他还会觉得怨天尤人，因为别人欠他的这些感激的债并没有完全偿还；若是生活不如意，他更会觉得怨天尤人，因为他觉得生活欠他的太多。

下面，让我们来看看一位女士的遭遇，她的人生态度足以使那些动不动就怨天尤人的人汗颜。

她站在台上，不时不规律地挥舞着她的双手：仰着头，脖子伸得好长好长，与她尖尖的下巴扯成一条直线；她的嘴张着，眼睛眯成一条线，看着台下的学生；偶尔她口中也会咿咿唔唔的，不知在说些什么。基本上她是一个不会说话的人，但是，她的听力很好，只要对方猜中或说出她的意思，她就会乐得大叫一声，伸出右手，用两个指头指着你或者拍着手，歪歪斜斜地向你走来，送给你一张用她的画制作的明信片。

她就是黄美廉，一位自小就患脑性麻痹的病人。脑性麻痹夺去了她肢体的平衡感，也夺走了她发声讲话的能力。从小她就活在诸多肢体不便及众多异样的眼光中，她的成长充满了血泪。然而她没有让这些外在的痛苦，击败她内在奋斗的精神，她昂然面对，迎向一切的不可能。终于获得了加州大学艺术博士学位，她用她的手当画笔，以色彩告诉人"寰宇之力与美"，并且灿烂地"活出生命的色彩"。全场的学生都被她不能控制自如的肢体动作震慑住了。这是一场倾倒生命、与生命相遇的演讲会。

"请问黄博士"，一个学生小声地问："你从小就长成这个样子，请问你怎么看你自己，你从来都没有怨恨吗？"许多人的心头一紧，真是太不成熟了，怎么可以当着面，在大庭

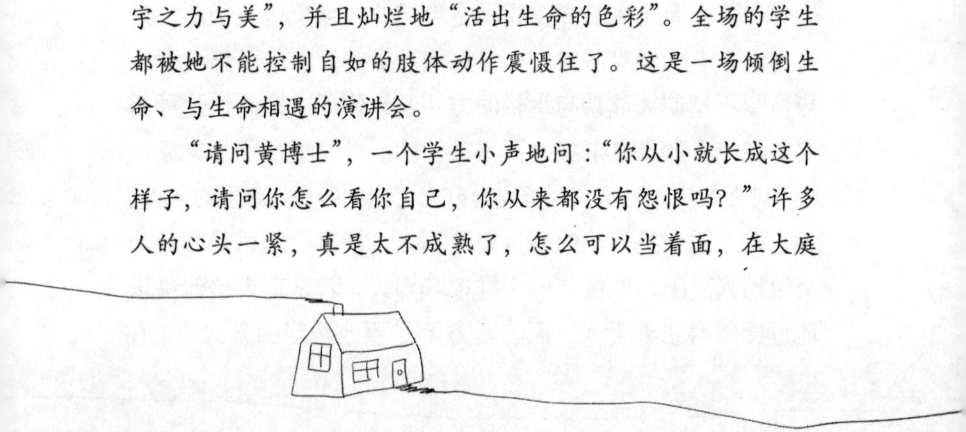

广众之前问这个问题，很担心黄美廉会受不了。

“我怎么看自己？”黄美廉用粉笔在黑板上重重地写下这几个字。她写字时用力极猛，有力透纸背的气势，写完这个问题，她停下笔来，歪着头，回头看着发问的同学，然后嫣然一笑，回过头来，在黑板上龙飞凤舞地写了起来：

(1) 我好可爱！

(2) 我的腿很长很美！

(3) 爸爸妈妈这么爱我！

(4) 上帝这么喜欢我！

(5) 我会画画！我会写稿！

(6) 我有只可爱的猫！

(7) 还有……

忽然，教室内鸦雀无声，没有人讲话。她回过头来定定地看着大家，再回过头去，在黑板上写下了她的结论：“我只看我所有的，不看我所没有的。”掌声由学生群中响起，黄美廉倾斜着身子站在台上，满足的笑容，从她的嘴角荡漾开来，眼睛眯得更小了，有一种永远也不被击败的傲然，写在她脸上。

我只看我所有的，不看我所没有的。听到这个故事，或许你的脑海中会出现这样的画面：我有一个幸福的家庭，我的爸妈很爱我，我的老婆非常爱我，我与兄弟们相处和睦，有很多认识或不认识的朋友支持我，我可以做我喜欢的工作，可以自由地表达我的看法，有一台计算机，可以上网……我真的没有理由抱怨什么。

一个人生活在社会上，免不了会遭到不幸和烦恼的突然袭击。有一些人，面对从天而降的灾难，处之泰然，总能使平静和开朗永驻心中；也有的人面临突变而方寸大乱，一蹶不振，从此浑浑噩噩。为什么受到同样的心理刺激，不同的人会产生如此的反差呢？原因在于是否能够学会冷静应变。

七、让自己保持冷静

“冷静”其实是人生的一种修养，也是人生的修行，同时也是技术上的修行。冷静应该是所有中最好的一种素养。

两名病人因患肺结核而住进了医院，甲病人沉着冷静正确应对病情，安心接受医院的治疗，乙病人整天顾虑重重，时不时想到如此待下去会耽误大量工作的，内心压力很大，常处于烦躁之中。

甲病人见状便主动开导他：“老兄，不要着急，先治好病，工作以后自然就可以顺利完成。”过了不久，甲病人治愈出院了，临走时勉励乙病人要安心治疗，不要那么着急。乙病人听从了甲病人的劝导，当乙病人出院的那天，看着迎面微笑着走来手捧着鲜花的甲病人，他的心里顿时有说不出来的感激。

面临灾难与烦恼，必须居高临下，反复思考，查明原因，这样能使你很快地稳定惊慌失措的情绪，然后鼓足勇气，扪心自问，我是否已失掉渡过难关的信心了？多去思考诸如此类的问题是冷静应变的首要诀窍。另外要认识到不幸和烦恼并不是不可避免的，也许是自己钻牛角尖，无端地把自己与烦恼绑在一起，折磨自己。

科学研究表明，“入静状态”能使那些由于过度紧张、兴奋引起的脑细胞机能紊乱得以恢复正常，你若处于惊慌失措心烦意乱的状态，就别指望能用理性思考问题，因为任何恐慌都会使歪曲的事实和虚构的想象乘隙而入，使你无法根据实际情况作出正确的判断。当你平静下来,再看不幸和烦恼时，你也许会觉得它实际上并没有什么了不起，正视自己和现实就会发现，所有的恐怖与烦恼只是你的感觉和想象，并不一定是事实的全部，实际情形往往总比你想象的好得多，人所陷于的困境往往来源于自身，对自己和现实有一个全面正确的认识，是在突变面前保持情绪稳定的前提之一。当你处于困境时，被暴怒、恐惧、嫉妒、怨恨等失常情绪所包围时，不仅要压制他们,更重要的是千万不可感情用事,随意做出决定，要多想想别人能渡过难关，我为什么不能冷静应变，调动自己的巨大潜能去应付突变呢?

大量的实验证明，平衡的心理是任何一个面临突变，但却不被突变所击垮的人必备的心理素质，要学会自我宽容，人世间没有无所不能的人，人外有人，天外有天，企求事事精通、样样如意只会促使自己失去心理的平静。所以应先明了你可以稳操胜券的事情，并集中精力去完成它，你定会因此而感到莫大的喜悦。不要怕工作中的缺点和失误，成就总是在经历风险和失误的自然过程中才能获得，懂得这一事实，不仅能确保你自己的心理平衡，而且还能使你自己更快地向成功的目标挺进。不要对他人抱过高的期望，百般挑剔，希望别人的语言和行动都要符合自己的心愿，投自己所好，是不可能的，那只会使你自寻烦恼，有时要回避烦恼去做一些力所能及的事，并以此为荣，以此为乐，这是保持心理平衡的重要一环。

因此，在我们平时的生活当中，做到冷静地面对世间的社会百态、面对问题，才能够使我们的生活提高到较高的品位。冷静处世，是为人的素质体现，也是情感的睿智反映。生活里有太多的逆境，它是生活中的偶然。可是在理智面前偶然总会转化为令人快乐的必然。偶然与必然尽管有理论上的反差，但它决然可以在冷静和智慧当中达到完美的统一。

《大学》中曾提道：“静而后能安，安而后能虑，虑而后能得。”这个“得”，才是对高品位生活的一种美好的享受。

以冷静的心态去面对纷繁复杂的社会，就非常有利于顺境与逆境的反思，就可有利于社会又有利于自己：以冷静的心态去面对五彩缤纷的生活，不仅有利于苦乐中的磨炼，还可以享尽人生中的惬意；以冷静去面对生活中的每个人，有利于善恶中的辨识，可亲君子而远小人；以冷静面对名利，有利于道德上的筛选，可提高人品和素质；以冷静面对眼前的坎坷，有利于安危中的权衡，可除恶果保康宁。冷静，可以使我们变得大度、理智、无私和聪颖。

人们的情绪常常会被一些忧烦所困扰。忧烦一旦出现，人生的欢愉便不翼而飞，生活中宛如再没有了晴朗的天，吃饭不香，喝酒没味，干工作没劲，干事业没心，这一切，只因为我们陷入了多余的忧烦之中。

八、学会不在意

荷马·克拉以前他在写作的时候，常常被纽约公寓热水管的响声吵得快发疯了。蒸气会砰然作响，然后又是一阵吡吡的声音——而他会坐在他的书桌前气得暴叫。后来荷马·克拉说："有一次我和几个朋友一起出去宿营，当我听到木柴烧得很响时，我突然想到：这些声音多像热水管的响声，为什么我会喜欢这种声音，而讨厌那种声音呢？回到家以后，我跟自己说："火堆里木头的爆烈声，是一种很好听的声响，跟热水管的声音也差不多，我该埋头大睡，不去理会这些噪音。结果，我果然做到了，头几天我还会留意热水管的声音，可是不久我就把它们整个的忘了。"

很多其他的小忧虑也是一样，我们不喜欢那些，结果弄得整个人很沮丧，只不过因为我们都夸张了那些小事的重要性……

在平时的生活中，人们习惯于把许多小事情看得过于重要。一个个优秀学子会为自己一次偶然的考试失利而失声痛哭；大人会因为孩子不经意间冒出一句从外面学来的脏话而声色俱厉；一个羞怯的女孩也许会因为自己穿了一件不合时宜的裙子而忐忑不安；家庭主妇会因为提前售出股票少赚几百几千块钱而叹息数周；甚至一个过于小心的健康人也会为一阵突如其来的牙疼而恐惧不已！

其实这些小事我们本来不必为此烦恼。再比如，一个莽撞的少年驾车突然并入你的车道，惊惶中你匆忙避让，一个急转弯避免了事故发生，心突然悬到空中又掷到地上的你多半口头心里都把他骂了个狗血喷头，并且确信他绝对受之无愧。然而，有时候你也许会想既然有惊无险，自己也就不必大动干戈了，不如让大家继续过自己平静的生活，就像什么也没发生一样，但在当时，你可能就不会这么想。在经历了某件你自认为委屈的事后，你的脑海里往往会一遍又一遍地声讨不公正，并仔仔细细地臆想着“改写历史”——将事情按照自己的愿望重新设想一遍，从中得到心理安慰……

所有的这些是否过于消耗我们的心力？是否会分散注意力，降低工作效率？肯定会！其实，优秀学子一个偶然的疏忽不会使你成为永远的落后者；和颜悦色地教育小孩子也许效果会更好一些；穿了不合时宜的裙子的女孩也许并没有引起别人的注意，实在不必大惊小怪；这次股票少赚没准儿下次可以翻倍；“牙疼不是病”，你绝对不致“引癌上身”，至于莽撞少年，这不过是为你的生活平添了一次津津乐道的“历险记”；对于已经发生的“历史”虽然不可更改，可是你绝对不可能永远得不到“昭雪”……总之，对于所有一切的事情并不像你想象的那么糟糕！而且，更为重要的是，多数人是善良的、友好的。生活五彩斑斓，在当我们为琐事而斤斤计较、心态消极的时候，我们的双眼已经为黑暗所蒙蔽，对生活中真善美的光芒却视而不见了，那么对于如此的人生又是多么的可悲与不幸啊！

要记住，黑夜虽然没有白昼那样令人兴奋，但是它是大自然的规律，除了愉悦地接受它你别无选择。经历了严冬的酷寒以后，风就会自然地送来春天的气息；冬天已经来了难道春天离我们还会远吗？有了半杯咖啡，与其为缺少另外半杯而苦恼，不如为已经拥有的半杯而欣慰。

生活中琐事实在是非常的多，许多事并无绝对的正确与错误之分，你若这样一时想不通，不妨换个角度去思考，或许就能够豁然开朗。正所谓：忍一时风平浪静，退一步海阔天空，若能真的认识到这一点，我们就能随时保持良好的个人状态，“不以物喜，不以己悲”，时时处处拥有一份好心情，生活也就会因此变得更加绚丽多姿了。

有一对年轻的夫妇，在吃饭闲谈的时候，妻子也是因为兴致所至，一不小心冒出一句不太顺耳的话来，不料，却被丈夫细细地分析了一番，于是心中不快，便与妻子争吵起来，直至到最后掀翻了饭桌，拂袖而去。

这个例子来自于平常的小事，其实在我们平时的生活中这样的例子并不少见，很多事情通常是人为地给自己心灵加压造成的。比如太在意别人一句评价，太在意领导的一句批评，太在意孩子的一句无心之语，太在意爱人的一次赌气，细细想来，当然是以小失大，得不偿失的。我们不得不说，他们实在有点小心眼，太在意身边那些琐事了。其实，许多人的烦恼，并非是由多么大的事情引起的，而恰恰是来自对身边一些琐事的过分在意、计较和“较真”。

比如，有那么一些人对人世间周围所发生的一切相当的敏感，而且还经常曲解和夸大外来的各种信息，对别人所说的每句话都要做细细的琢磨，对自己的得失耿耿于怀，而对于别人的过错更是加倍抱怨。这种人其实是在用一种狭隘、幼稚的认知方式，为自己营造着心灵监狱一样，可谓是十足的自寻烦恼。他们不仅使自己活得非常的累，同时也使周围的人活得很无奈。

一位哲人曾经说过：“同样是一件事，想通了是天堂，如果想不通就是地狱。既然活着，就要活好。”

有些事是否会能引来麻烦与烦恼，完全取决于每个人如何看待与处理它们。正所谓事在人为，结果也就自然会大相径庭。所以美国的心理学家藏维·伯恩斯提出了消除烦恼的“认可疗法”：就是通过改变人们对于事物的认识方式和反应方式从而避免烦恼与疾病。所有的这一切都需要我们首先要学会不在意，换一种思维方式来面对眼前所发生的一切。

大家都要知道，对于人生当中的这种过于在意与过分计较的毛病一旦养成的话，经过了天长日久之后，许多小烦恼自然就会铸成大烦恼。

我们要做到对于任何事情都不要太在意，毕竟人的精力是非常有限的，假如我们处处遇到大小的事情纠缠琐事，被小事所累，我们的一生必将一事无成。

其实，大家在这点上，对于古代的智者们早已经有了清醒而深刻的认识。

早在两千多年以前，雅典的政治家伯里克利斯就向人们发出振聋发聩的警告："需要注意啊，先生们，我们太多地纠缠小事了！"法国作家莫鲁瓦更是明确而深刻地指出："我们常常为一些应当迅速忘掉的微不足道的小事所干扰而失去理智，我们活在这个世界上只有几十个年头，然而我们却经常为一些纠缠无聊的琐事而白白浪费了许多宝贵时光。"

这话实在发人深思。由此可以看出，过于在意琐事的毛病已经严重地影响到了我们平日里的生活质量，使我们的生活失去光彩。很显然，这是一种极为愚蠢的选择。

对于一个遇事不在意的人，是超越自我的人，也是活得潇洒的人。因为没有了琐事的羁绊，也就会使身心获得了解放。

所谓的不在意，就是别总拿什么都当回事，对于很小的事情千万不要去钻牛角尖，别太要面子，别事事"较真"、小心眼；别把那些微不足道的鸡毛蒜皮的小事全都放在心上；别过于看重名与利的得失；别为一丁点儿的小事情而着急上火，惊天动地似的大喊大叫，以致因小失大，后悔莫及；别那么多疑敏感，总是曲解别人的意思；别夸大事实，制造假想敌；别把与你爱人说话的异性都打入"第三者"之列而暗暗仇视之；同时我们也不要像林黛玉那样见花落泪、听曲伤心、多愁善感，总是一副顾影自怜的样子。要知道，人活着有些时候真的需要一点点"装傻"。

不在意，也是在为自己设置了一道心理保护防线。不仅不去主动地制造一些烦恼的信息来进行自我刺激，而且即使在面对一些真正的负面信息、不愉快的事情的时候，也要努力地做到处之泰然，置若罔闻，不屑一顾，真正地做到"身稳如山岳，心静似止水。任凭风浪起，稳坐钓鱼台"的境界。

这不仅是自我保护的一种巧妙的方法，同时也是一种坚守目标、排除干扰的良策。当然“不在意”最终所体现出的是一种人格上的修养，是一种极其高贵的人格修养，同时也是一种人生的大智慧。

不在意的人，是一种勇于超越自我的人，也是活得潇洒的人。因为没有了琐事的羁绊和缠扰，也就自然会使身心获得了轻松与解放，自有一片自由的天地任由驰骋。

然而，关于不在意并不等于逃避人类社会现实，不是麻木不仁，也不是看破红尘后的精神颓废与消极遁世；不是对什么都冷若冰霜、无动于衷地加缪笔下的“局外人”。而是一种在奔往人生大目标路途中所采取的一种洒脱、豁达、飘逸的生活策略。人生当中所出现的事实在太多,但是却不能烦心。透视烦事，忘却不幸，藐视挫折。凡事记起，重何以堪？我们一定要记住，睁开两眼历历在目，闭上双眸空无一物。要做到提得起放得下！如果能做到如此，你就自然会拥有一个幸福而美妙的人生。

生活当中的每个人都希望自己每一天都能够过得开开心心、顺顺利利，可是既然是生活，就总会有那么一些小波澜、小浪花。在种种情况下，斤斤计较会让自己的日子阴暗乏味，豁达胸襟却能让每天的生活充满阳光。

生活中，我们不可避免地会遇到种种消极情绪的困扰，有时甚至是恶劣情绪。既然人活的就是一种心境，那就需要调制、创造和保持快乐的情绪。

九、保持乐观的心境

情绪也好，心境也罢，都是透过主体的心理作用或精神力量创造出来的。面对消极情绪的入侵或不期而至，最大限度地降低消极情绪的危害，缩短消极情绪在我们心中驻留的时间，或者升华情绪的性质，有赖于乐观的人生态度和爽朗的精神世界。

> 心理学家普遍认为：“正确地引导人们多从正面积极的观点思考问题，有助于预防一些精神疾病。”因为乐观能使人幸福、健康，容易取得成功；相反，悲观常导致绝望、病态及失败，悲观常常和沮丧、孤独联在一起。

拿癌症患者为例。乐观派想的往往比事实要好，或者面对死神的威胁仍镇定自若，有时，这点信心和勇气就使他们挺过来了。因为尽管患的都是不治之症，乐观通达能减少不必要的恶性病变，减少或消除复发的可能性；而悲观、忧郁和消极的思维方式极大地削弱了人体内的自然免疫功能，造成心理缺陷的恶性循环，使病人钻牛角尖，悲观厌世、破罐子破摔，根本谈不上珍重自己，也承受不起任何生活的考验。

不论是天才还是普通人，在向自己的梦想奋斗的过程中总会遇到各种各样的挫折，在这个时候，各种类型的人的表现各有不同。悲观的人会垂头丧气，自叹时运不济，丧失了继续努力的勇气；虚荣的人则不承认现实，借口自己遇到了各种客观上的阻碍；狂热分子对此会毫不在乎，并不把它看做失败，以更大的疯狂劲头采取同样的方法再次向导致失败的地方发起冲击。

只有乐观的人能冷静、客观地面对挫折。他们会认真分析失败的原因，探索新的方法，只要是能够战胜的困难，他们绝不回避。如果面对的是以一己之力无法战胜或即便取胜了也得不偿失的障碍，他们会考虑其他更有利于自己发展的方法。总之，在乐观的心境下，任何的苦难和挫败，都不会使他们失去信心，相反会成为他们走向成功的奠基石。

乐观的人面对现实的态度是冷静的、客观的、主动的，他们从不否认事实，也不追求虚荣，而是脚踏实地地向前走。

乐观的人并不如人们认为的那样好高骛远，不切实际。事实上，他们能够正确面对自己的处境，能够看到现实中不利的因素，并且知道自己的弱点和优势。他们同别人的不同，就在于有着长远的目标，相信自己能达到目标，因此他们总是信心百倍，付出所有的精力来追求目标。

乐观的人大都有较好的人缘，他们善于处理各种复杂的

人际关系，不管对方是什么个性的人，他们总能看到别人的长处，设法利用这些长处，让这些人体会到自身的价值，从而努力为他们工作。所以在大家共同的努力之下，他们能更快地达到自己的目标。同样他们对身边的人的看法同样是积极的、信任的，因而乐于同别人交朋友。故即使是悲观低沉的人，在乐观的人身边久了，也会因为他们乐观的个性受到鼓励、因为受到他们持续不断的鼓舞而改变个性，变成一个奋发向上的人。于是，悲观低沉的人也很愿意同乐观的人打交道，他们不仅从乐观的人那里得到信任和帮助，也经常从他们身上获得力量和灵感。从而尽力协助乐观的人追求成功。

乐观的人具有一种巨大的感召力，能使他们身边聚集起一大批有志之士。生活中人们喜欢聚集在乐观的人身边。他们昂扬的斗志、乐观的个性、永不止息的精神，会鼓舞、带领着每一个人向前走，达到人生的梦想之地。因而，乐观的人人缘很好，不论什么时候，身边总有同他们一样志向远大的人们帮助他、激励他。

同时，乐观的人是最无私的人，他们不仅努力实现自己的理想，还尽力鼓励、帮助他人走向成功。他们的目光所及，并不只是自己的狭小天地。他们比常人更关注大众的事，并且坚信未来是大家的，每个人都应该发挥自己的力量。只有保持乐观，才会对人生充满信心，才能在通往成功的人生之路上保持高昂的士气。

乐观的人生态度，关键在于有一颗旷达、欢畅、幸福、安详的心。一般来说，世界上并没有真正的天堂或地狱，天堂和地狱只不过是人的内心投射或想象的结果。人生的幸福、快乐与否，往往并不完全取决于现实的世界，而是在一定程度上取决于我们对世界的看法，亦即对问题的看法；种种烦恼的原因也往往不在于外界事态，而是主要取决于我们对该事态的看法。

从某种意义上来说，乐观者实际上是以自己积极的心态看好了客观世界；相反，悲观者实际上是以自己消极的心态看坏了客观世界，在悲观者心中，现实是或多或少地被丑化了的。既然乐观或悲观的人生态度是在长时期中培养、发展出来的，那么反过来也可以说在一个人的一生中改变人生态度是完全可行的。

乐观能使人幸福、健康，要想管理好自己的情绪，首先要做一个乐观的人。所谓乐观，指的就是一种积极的处世心态，是以接纳、豁达、宽容、愉悦和平常的心态去看待周边的现实世界。这种生活态度主张把人生感受与人的生存状态区别开来，认为人生是一种体验，是一种心理感受。即使人的生存状态一时难以改变，人也可以透过他们的精神力量去调节他们的心理感受。换言之，人的生存质量往往是主观心态的投射。它说明，人的生活并非是一种无奈，而是可以由自身主观努力去把握和调控的。世上实在是没有什么大不了的事。

当代著名成功学大师卡耐基认为：如果你的思想乐观，你的生活必然充满快乐；如果你心存悲观，你就会认为事事悲惨；如果你觉得恐惧，就会感到鬼魅在身旁窥伺；如果你老觉得身体不舒服，就会致病；如果你认为事情不能成功，则必定失败；如果你陷于自怜状态，必定会被亲友疏离。所以，当我们被恶劣情绪缠绕的时候，我们不要怨天尤人，而是要尽快地调整我们的心态，调整我们的心灵镜头焦点。

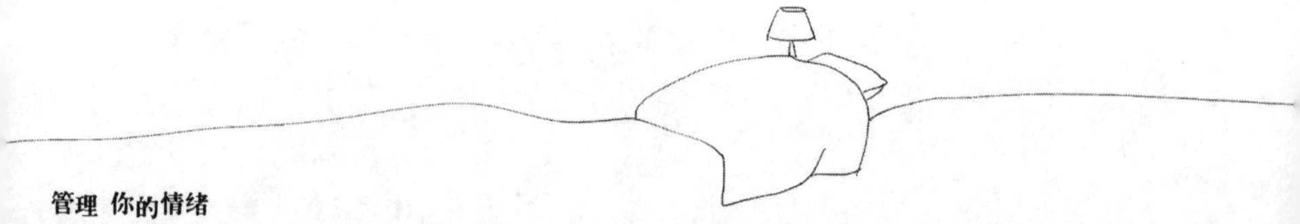

在平时的生活中，每个人都会遇到一些不开心的事，会遭遇这样或者那样的失败，面对此种处境，怎么办呢？一味地深陷在其中而不能自拔，当然是不可取的。因此，作为现代人应懂得利用精神上的安慰来缓解自己的情绪，这种正常的排解心理困惑与苦痛的方法都谓之精神胜利法。

十、懂得自我安慰

自我安慰可以说是精神胜利法的最大特征，俗话说，境由心造。人的一生不可能一帆风顺、万事如意，遇到挫折、疾病，怎么办？是怨天尤人，整天沉溺在失败的痛苦之中，还是辩证地看待一时的不利？显然应该是后者。所谓“塞翁失马，焉知非福”，所讲的就是这个道理。这里所说的精神胜利法的本质就是在逆境中如何调整好自己的情绪的一种方法。

现实中，有些人经受不得半点的委屈与挫折，名缰利锁，成天为一些鸡毛蒜皮之类的得失而唉声叹气，稍遇到一些对自己不利的小事，便悲观失望，“听天由命”，放弃生活的勇气。这些人缺少的正是自我安慰式的精神胜利法。尤其是有些年轻朋友，总是大喜大悲，遇上落榜、失恋之类事情，马上觉得“我完了”，一蹶不振者非常多，轻生者也有。自己为何不想得开些呢?

自我安慰式的精神胜利法，则有着较强的实用性和可操作性。对待自身外貌方面的某些小瑕疵，不妨用“此乃特点”自我解嘲；当我们在事业失败的时候，我们正常会说胜败乃兵家常事，谁笑到最后，谁笑得最好；当我们受到别人欺侮之时，我们会说“君子报仇十年不晚”；当我们失恋时，我们会说“天涯何处无芳草”。这些安慰都是我们所需要的。对待贫富，不妨相信：“我的儿子会阔得多啦!”对待受辱，不妨用“不与小人一般见识”而自我解嘲……许多事情，其关键就在于自身的心境。“乐处乐，非真乐，苦中乐得来才见心态之真机。”生活中有很多不如意的事情，多思有何益?让我们来一点精神胜利法，那么我们的生活自然就会阳光四射。

在我们的现代社会中，竞争十分的激烈，人们都在为自己的事业，自己的生活，学习而忙碌地奔波着。有很多人因为没有很高的文化素质而被社会淘汰了，也许有的人会因此而灰心丧气，从此一蹶不振，失去了生活的动力，就如同一艘迷航的船一样在茫茫的大海中到处漂流，结果弄得自己生不如死。然而有的人却能挺过来，他具有良好的心理素质，能够安慰自己：“不要被眼前的难关所吓倒。”通过自己的努力调整好心态；又重新踏上了工作岗位。

精神远比物质重要，精神上的胜利当然大于物质上的胜利。因为精神上的胜利无处可买，或者说仅仅靠钱是根本买不来的。幸福并非存折、住房面积、消费指数之类能够衡量的。关键是看你是否满足，是否快乐。而对满足的标准，每个人都会做出各种各样的设定。达到标准有快乐可言，可见幸福与否，并不完全是命运造成的，其根本的窍门实际上就掌握在我们自己的手里，只不过有些人及时地意识到了，而有些人永远不可能察觉而已。

这种正常的精神安慰对人自身的心理健康是非常有好处的，每个人都必须要学会从失落中走出来，必须学会调节情绪，使之获得某种平衡。否则，我们将会长期处在名利的斤斤计较中而痛苦。

一个人的快乐并不是天生就有的，而需要自己去营造。快乐地生活，也是有一定的方法的。就看你是否懂得为了获得自己的快乐而想方设法。可能你改变不了眼前的这个世界，但你应该有办法去改变自己的心情。“从来就没有什么救世主”，更没有快乐生活的裁判，所有的这些都是要靠自己去经营。

由此可见，精神胜利法对于现代社会来说，也是有一定的现实实用意义的。生活中的每个人都可以用这种方法在自己最消沉最失意的时候，用这种方法来安慰自己，使自己能够从阴影中走出来，重新找回自我，这样才能够从失败的教训中取得新一轮的成功。

曾有这样一位老师，他是一位数学老师，他的思想开放且先进，他说：“一个人对于一些事应该放得开，作为一名学生，不要对于成绩，名次那么看重，每个班总有最后一名，考最后一名的人不一定他做什么都差，不要说他就一定成不了才，世界上也有很多大器晚成的人，因此，我们每个人都不应该对自己感到灰心丧气，忧心忡忡，应该坚信总会有发展自己的机会。”

每个人都应该有点精神、有自己的追求，只是在一些无原则性的小事上应该向乌龟学习，有时候难得糊涂，懂得自我安慰，且让人时就让人，要学会忍耐和谦让，这是美好心灵的写照。

有时想想，如果每一人都有一种自我安慰的心理，也许这个社会就会多一分快乐，少一分忧愁，如果每一个人能够把自己的烦心事放开一点，就不会有那么多人整天陷入精神不振的状态。

人生漫漫，世事坎坷。然而在平时的生活当中有很多人一旦遇到不如意的事就会生闷气，精神长期处于一种闷闷不乐，压抑的状态，这样非常容易诱发许多身心疾病。

十一、遇事要想得开

从医学角度来讲，生闷气很容易破坏人体的心理平衡与防御机制。通过神经递质和神经内分泌激素作用，使人体免疫功能减弱，就非常容易引起癌肿的形成，特别是消化系统的癌肿。生闷气者把不如意的事记在心头，造成了思想负担，对大脑皮层是一种恶性刺激。如果这些刺激越来越多，越来越强烈而持久，轻者可引起神经衰弱，重者导致精神病，甚至自杀。实验证明，精神压抑能影响消化液分泌，使胃粘膜变得苍白，胃液分泌不足，胃肠蠕动减弱。因此，生闷气会使人感到消化功能减弱。通常所说的“气得吃不下饭”也就是这样的道理。

如果长期生闷气，情志不舒就很容易导致气机郁滞，气滞不通，不通则自然就会痛。所以，对于生闷气的人通常都会感到胸部闷胀，走窜作痛，同时由于肝气失调，脾的运化功能失常，胃纳下降，最后导致溃疡病的发生。所谓“病从思虑而得”、“肺都气炸了”即指此而言。

可是，现在很多人却往往习惯于给自己找气。有的人因为没有发财而愤愤不平，有的人因为仕途不顺而闷闷不乐，有的人因为工作烦恼而怨天尤人，有的人因为生活苦恼而灰心丧气，其实大可不必。有道是:退一步海阔天空，让三分柳暗花明。又云：世事如棋让一着不为亏我，心田似海纳百川方见容人，凡事要想开些就好。

毕竟，人不会个个都那么幸运，一生中谁没有这样的经历：考试失败，爱情平淡，家庭不幸，工作挫折，晋升无望，老来寂寞。人生总会有烦心的事，睁开两眼历历在目，闭上双眸空无一物，倘若凡事都记得，怎能不让人负重前行?

小说家达克顿曾认为除双目失明外，他可以忍受生活上任何打击。但当他双目真的失明后，却说:“原来失明也可忍受。人能忍受一切不幸，即使所有感官都丧失知觉，我也能在心灵中继续活着。”我并不主张人应逆来顺受，但对无可挽回的事，就要想开点，不要强求不可能的结果。

用精力和不可避免的事情抗争，就不能再有精力重建新生。为什么车子的轮胎能经得起长途辗磨呢？开始人们设计出很硬的抗震车胎，但用不了多久，就被震得七零八落。后来造出有弹力的防震车轮，这才经得住磨损。如果我们也能像这种车胎一样，那我们也会生活得稳定和长久。

人生百年，不如意的事情是常有的事。正所谓人比人气死人，涉及名誉、地位、钱财——人与人之间实在没有多大的可比性。这倒不是说自己一定比别人差多少，而是机会这东西总是偏心眼。有的人官运亨通、财源滚滚、美人拥簇、宝马香车，诸多好事得来全不费工夫；轮到自己就不同了，千般辛苦万般努力，然而人世间的“好事”通常总会同你“捉迷藏”，可望而触及不到。每当在这种情况的时候我们应该怎么办？怨天尤人？当然没用；抱怨命运不公，也无济于事，于事无补；撒泼骂街？也只能是丢人现眼。最好的办法，还是要想开点。

只要凡事想开点。就不会那么累了。一个人活在这个世上，会有谁不感到累啊？其最重要的是自己的心态，不要总觉得自己为家庭，为事业，为孩子……付出了多少，相信付出的同时或之后你终会有相应回报的，如孩子带给你的快乐，高薪带给你的经济富足，家庭带给你的幸福……当然所有的投资都是风险与机遇并存的。如果凡事能够想得开一些，也就自然不会闷闷不乐了。

总而言之，生闷气、心情的烦躁、不愉快都严重地破坏人体的心理平衡，更影响精神与情绪。我们都需要积极地去预防和控制。针对这些情况需要注意以下几个方面：

第一，开阔心胸。凡事想开点，要有理想目标

一个有所追求的人心胸就会自然变得开阔，心底无私天地宽，与人相处要“淡化自我”。

第二，扩大社交范围，倾诉心中的不悦

多参加集体社交活动，从个人的狭窄天地跳出来。不要把苦闷、不悦压在心中，把困难向亲人、挚友、四邻倾诉，这样就自然能够使自己的内心感到轻松。

第三，充实知识，驱除心灵之中的黑暗

读书是清除愁闷的良方妙药，知识能给人力量，给人智慧，给人无穷无尽的乐趣。

第四，善于适应环境，调整自己对现实的态度

有一句格言说："当人们在不能改变自己所处的现实的时候，理智的办法是改变自己对现实的态度。"也许经过你自己的一番努力，就自然会出现山穷水尽疑无路，柳暗花明又一村的美好前景。

在现实的生活当中，有很多人进入了所谓的“成熟”期之后，就变得极其“呆滞”，对喜悦、美及周围的一切都不再敏感了。追究其因，其中的一个解释就是：太计较自己的得失了。一生中努力想变成某种人物，奋力想得到与维护某种地位，受“敬老”与“养育下一代”的责任所驱，必须拼命赚钱。如此久而久之，很多一些外在事物很快就让其喘不过气来，从而失去了生活的快乐。

十二、别太计较得失

“名与身孰亲？身与货孰多？得与失孰病？是故其受必大费，多藏必厚亡。故知是不辱，知止不殆，可以长久。”这句话是老子说的。讲的是人的一生之中，名誉、名声和生命究竟哪个更重要一些呢？自身与财物相比而言，哪个可属于第一位呢？得到名利地位与丧失生命相比衡量，哪一个是真正的得到，哪一个又是真正的丧失呢？因此说过分追求名利地位就会付出很大的代价，耗费掉你庞大的储藏，一旦有变则必然就会损失巨大。对于追求名利、地位这些东西，要做到适可而止，否则会使你受到屈辱，从而丧失了你一生中最为宝贵的东西。

老子的话很具有辩证法的思想，它告诉我们应该站在一个什么样的立场去对待得失这样的问题。可能一个人能够做到虚怀若谷，大智若愚，但是事事吃亏，总觉得自己遭受损失，再也不肯忍气吞声地继续吃亏，一定要分辨个明明白白，其最终朋友之间、同事之间是非难以定断，自己惹了一身闲气，而对于自己所想得到的照样没有得到，这又是失的多还是得的多呢？

对于那些患得患失的人常常把个人的得失看得非常的重，而实际上人生百年，贪欲就是再多，官位权势就是再大，钱财再多，也一样是生不带来死不带走。处心积虑，挖空心思地巧取豪夺，难道是人生的目的？如果过于注重个人的得失，就会使其人变得心胸狭窄，斤斤计较，目光短浅，最终将会什么事情也办不成。

要想采集到一束清新而美丽的鲜花，就必须要放弃热闹喧嚣的都市；要想争做优秀的登山运动员，就要失去娇嫩的皮肤；要想倾听高声的喝彩，就要放弃眼前的虚荣；我们要想品味自己的人生，就要做到善于品味自己人生当中的得与失，理性地去对待眼前的得与失。

漫漫人生路，世间的万事万物全都徘徊在得与失之间。在万紫千红的春天悄然离开的时候，接踵而至的便是繁花似锦而且绿叶相衬的盛夏；引人无限遐想的满天繁星隐退时，迎来的是曙光里的黎明。为国捐躯，失去宝贵的生命，却留取丹心照汗青；苟且偷生，出卖气节的人，却是身后骂名滚滚来。失去了如财富般宝贵的时间，如果得到的是丰富的人生经验与知识，那么是失有所得。反之亦然。

其实，如何看待得与失，其关键在于个人的心态，在于如何对待得失，如何看待得失。在有些时候，失就是得，得亦为失……

人生最重要的是要能够做到轻松身心。上路的时候带太多东西就可能会累倒，累倒了，除了想休息之外还可能会对什么感兴趣呢?

有一个好的结果当然是很多人都希望见到的，因此，要做到享受过程，善待结果。然而对于大多数“成功人士”往往都钟爱回味过程，功成名就细说当年辛苦事。因为真正的动人之处，也可以说是大跨步的飞跃，是在过程中的体现。只有经过一个又一个过程，才有了丰富多彩的人生体验。

生活在有些时候就好像一首诗，总是充满了乐趣与美丽。人生的遗憾之一，就是不能很快感觉到生活的美好，而只有在回首往事的时候才能真正咀嚼出生活的滋味。一些平常的人之所以不能有伟大的成就，就是不能正确地看待人生的得与失，凡事总是患得患失，而不能有效地抓住生活的一分一秒，创造出它应该具有的价值。一个人必须要学会正视人生当中的得与失，该得的你就大大方方地得，该舍弃的你就痛痛快快地舍。

俗话说得好：有得必有失，有失必有得，不得不失，不失不得。有时，你可能为一时的不如意而恨天怨地，可是，塞翁失马，焉知非福? 在你失去的同时，转过头来，看看你同时得到了些什么?上天的分派必然是公平公正的，在你失掉财富、权力、爱情……的同时，你也得到了人生的感悟，明白了生命的真正意义，这难道不是一种收获吗?

与此而相反，你青春得意，财产、家势、爱情、事业、前途……都一帆风顺，你自己也扬眉吐气，自以为是王者风范时，你同样失去了些什么?你目中容不下别人，就不会有朋友；高高在上，就不会有同伴；有钱且有势，爱情就是苍白的……在如此的情况下，你能说你是幸福的吗?你能说你拥有了全世界吗?

在人生的路上就是这样的，需要我们看中的应该是人的德行修养和德才培养，而并不是一时一事的得与失。要做到：

“不以物喜，不以己悲。”千万不要把得失建立在情感取向上。那么，怎样才能够及时地调整好情绪，正确地看待得失，重新鼓起向前奋进的勇气呢？这里面隐藏着一个不断修正人生追求坐标的问题。

首先，就是要能够辩证地去看待得失

保持几分心理平衡，其最重要的一点就是要用辩证的思维方式，正确地看待人生得与失。

其次，要提高自身认识以求平衡

不断地来调整失衡心态，透过对“付出”与“回报”的价值比较，来寻求一种恬淡的心理平衡。

再次，要对追求坐标做一个正确而又必然的修正

一个人带着梦想走到这个世界上，所追求的必然是多元化的，如果因某些原定目标过高，而一时难以达到时，就应当在权衡自己的个人能力、人生机遇等条件，适时地去修正一下自己人生的追求坐标。

最后，要明白：人世间的一切并不是我们所能够撑控的

得与失本身不重要。生活在这个世上，几乎没有人能从生下来到走完一生，都在衣食无忧和万事如意中度过。每人都必然的面对生命历程中时时地不断出现的困难。这些困难就是我们所说的“得”与“失”。既然是谁也免不了有得有失，那么我们就需要有一个面对得失时的心态。

因此，得意忘形、骄奢淫逸、惊恐万状、惶恐沮丧等的情绪表现，是那些心理状态不成熟人的专利；而在当我们做到了轻看得失的话，此生不虚度矣！

芸芸众生中，很多人都会被一些事情所困扰，工作上、家庭上、社会诸事不公、世事纷争等，都会给人的心情带来很多无端的沉重与烦恼。面对这些烦恼的重负，有人郁郁寡欢借酒消愁，有人处事洒脱不为所扰。

十三、该放下时且放下

快乐是上帝赐予每个人的一种权利。你不快乐便是对资源的浪费。快乐如此的重要，如果你被沉重的负担压得透不过气来的话，那么，请你放下负荷，放下权威，放下物欲，放下所有的紧张与痛苦。放下一切的一切。给心灵松绑，尽情地享受人生的快乐吧。

曾有这样一则故事，有一个拥有许多金银财宝的富翁，可他每天都感觉不到快乐，有一天，他便开始到远方去寻找快乐。可是走过了千山万水，也未寻找到快乐，于是他沮丧地坐在山道旁。正在这个时候，一个农夫背着一大捆柴草从山上走下来。富翁就问道："我是个令人羡慕的富翁，请问为何没有快乐？"农夫放下沉甸甸的柴草，舒心地揩着汗水讲："快乐很简单，放下就是快乐！”富翁听完这位农夫的话语之后顿时开悟：是啊！自己背着沉重的珠宝，每天怕人偷又怕人抢，整天提心吊胆，快乐从何而来？从这以后，富翁将珠宝、钱财接济穷人。专做人间善事，慈悲为怀。没过多久，他的心灵就被滋润了，由此也就感受到了穷人无限的感激与爱戴，从而他也便尝到了快乐的滋味。

看到这样的一个故事，就会使人们有一种彻悟的清醒。而实际上在我们每个人的生命深处，都希望自己能够每一天都过得快快乐乐，然而在平常的时候，我们却未能发现，快乐总是那么难以让人寻找到。这个故事让我们大家明白，不要过多去追求事物的那些外在因素，其实，在很多时候快乐就在我们的眼前，就在不经意间。

“放下就是快乐”确实是人生命中的一剂灵丹妙药，把心事放下，把烦恼抛开，重新调整自己，对什么事都看得开、放得下、想得明，不瞻前顾后，不计较人间的名利得失，白天认认真真尽自己最大的能力努力地工作，晚上按时睡觉享受自己的生活，社会上人与人之间多一点坦诚、沟通、宽容，那每个人都会快乐！

人不可能没有追求美好的欲望，然而却不能成为欲望的奴隶，自己必须要能够主宰自己。在当世间的芸芸众生都在追求物欲的时候，如果我们能够放下某些欲望，那么也就可以立地成佛而大获解脱，当然就可以轻松地得到很多幸福与快乐。

我们经常说一个人做事要能够拿得起，还能够放得下。而对于在付诸行动时，拿得起容易，放得下却很难。在现实生活中，应该放下却放不下的事情实在数之不尽。

比如子女升学，家长的心首先就是放不下；又比如老公升职了或者发财了，老婆也会忐忑不安放不下心，怕男人有钱变坏了；再如遇到挫折、失落或者因说错话、做错事受到上级和同事指责，以及好心被人误解受到委屈时，心里就会有个结解不开，放不下，等等。总之有些人就是这也放不下，那也放不下，想这想那，愁这愁那，心事不断，愁肠百结。长此以往势必产生心理上的疲劳，以致发展为心理严重障碍。英国科学家贝佛里奇指出："疲劳过度的人是在追逐死亡。"

我国唐代著名医药家、养生学家孙思邈，享年102岁。他在论述养生良方的时候说道："养生之道，常欲小劳，但莫大疲……莫忧思，莫大怒，莫悲愁，莫大惧……不要把愤恨耿耿于怀。"他指出这些心理负担都有损于自己的健康与寿命。事实上就是如此，有的人之所以感到每天的生活非常累，无精打采，未老先衰，就是因为习惯于将一些事情吊在心里放不下来，结果在心里刻上一条又一条皱纹，把心折腾得劳而又老。

在一般情况下，"放得下"主要体现在以下几个方面：

放得下财

李白在《将进酒》诗中写道："天生我材必有用，千金散尽还复来。"如果大家能够在这方面放得下，那么就可以称得上是非常潇洒的"放"。

放得下情

人世间最说不清道不明的就是一个"情"字。凡是陷入感情纠葛的人，常常会为情感而理智失控，所谓剪不断，理还乱。如果能在情方面放得下，则可称得上是理智的"放"。

放得下名

根据有关这方面的专家所分析，高智商、思维型的人，患心理障碍的比率比一般人相对高一些。其主要的原因在于他们一般都非常喜欢争强好胜，对名看得比较重，有的甚至爱“名”如命，到头来累得死去活来。倘然能对“名”放得下，就称得上是超脱的“放”。

放得下忧愁

如今的现实生活中的人们被忧愁的事情所困的实在是太多了，就像宋朝女词人李清照所说的，“才下眉头，却上心头”。忧愁可以说是一种妨害健康的常见疾病，经常发作。狄更斯说：“苦苦地去做根本就办不到的事情，会带来混乱和苦恼。”泰戈尔说：“世界上的事情最好是一笑了之，不必用眼泪去冲洗。”如果能对忧愁放得下，那么就完全可以称得上是幸福的“放”，因为没有忧愁的人生确实是一种幸福。

因此，放下就是快乐，把那些不如意的事情记在内心当中，只会让自己更加的不开心。在生活中，我们总免不了磕磕绊绊，免不了后悔伤心。但失意和得志，悲欢和离合，恩怨与情愁，永远是人生的常态。正是这样，人生的路途才会异彩纷呈。如果我们能以“不以物喜，不以己悲”的平和心态面对一切，你会发现这世界更美。人，有时会沉湎于逝去的岁月，但昨天已经过去，明天有着更多的希望。我们要懂得珍惜现在，脚踏实地走好现在的每一步，多些成熟，少些烦恼；多点深思熟虑，少点后悔遗憾。真正过好每一天。

放下就是快乐，要内心里坦坦荡荡，静如止水。然而，对于静水流深，其实际上在其坦然的背后，却有着火一样的热情，炽烈无比。只有真正经历了大风大雨的人，才能够真正做到宠辱不惊，所做的一切都是那么自然，那么的平静如常。真正幸福的事，就是生活赐予我们的每一天，我们将其永远地珍惜。事实上，只要你真正懂得了珍惜，理解了无常，你就会觉得人世间的一切都没有什么可以担心的，才能大彻大悟，享受悠悠岁月。

俗话说“不如意之事十有八九”，在每个人的一生当中根本就不可能永远都是风平浪静。人生遭际不是个人力量所能左右，而在诡谲多变，不如意事常存在于环境中，唯一能使我们不觉其拂逆而使得情绪轻松的办法，那就是要做到使自己“随遇而安”。

十四、做到随遇而安

“橘生淮南则为橘，橘生淮北则为枳”，是何缘故成了如此？水土不服是也。想一想，人如果像此橘，那么问题也就会变大。在当今这个社会，千变万化。每个人一生当中所处的环境不会一成不变，我们怎样去面对他们呢？有大多数的人们都认为，坚持自己的信念，随遇而安吧。

在很久以前，有一个寺院，里面住着一老一小两位和尚。

有一天老和尚给小和尚了一些花种，让他种在自己的院子里，小和尚拿着花种正往院子里走去，突然被门槛绊了一下，摔了一跤。手中的花种洒了满地。这时方丈在屋中说道“随遇”。

小和尚看到花种洒了，连忙要去扫。等他把扫帚拿来正要扫的时候，突然天空中刮起了一阵大风，把洒在地上的花种吹得满院都是，方丈这个时候又说了一句“随缘”。

小和尚一看这下可怎么办呢？师傅交代的事情，因为自己不小心给耽搁了，连忙努力地去扫院子里的花种，这时天上下起了瓢泼大雨，小和尚连忙跑回了屋内，哭着说：因为自己的不小心把花种全洒了，然而老方丈微笑着说道“随安”。

冬去春来，一天清晨，小和尚突然发现院子里开满了各种各样的鲜花：他蹦蹦跳跳的告诉师傅，老方丈这时说道“随喜”。

实际上对于“随遇，随缘，随安，随喜”这四个随，可以说就是人生当中的缩影，在遇到不同的事情，不同的情况的时候，我们最需要具有心态就是“随遇而安”心态。

环境往往会有不尽如人意的时候，问题在个人怎样面对拂逆和不顺。知道人力不能改变的时候，就不如面对现实，随遇而安。与其怨天尤人，徒增苦恼，就不如因势利导，适应环境，由既有的条件中，尽自己的力量和智慧去发掘乐趣。

当我们处于的地位不可改变且不如意的时候，只有安详顺受，并且从容地由不如意中去发掘新的前进道路，才是求得快乐与宁静最好的办法。

音乐之王舒伯特曾经说过：“只有那些能安详忍受命运之否泰者，才能享受到真正的快乐。”当我们处于不可改变的不如意境遇的时候，只有勇敢地面对，并且从容地从不如意之中去发掘开辟出新的道路，才是求得快乐与宁静的最佳办法。

苏东坡曾经多次被流放，可是他说，心情愉快只需要看到松柏与明月也就行了。何处无明月，何处无松柏？只是很少人有他那般的闲情与心境罢了。如果大家都能够做到随遇而安，及时挖掘出身边的趣闻乐事，甚至去找寻苍穹中的闪耀星星，这样就是环境没有任何改变，你的心境从此也会大不一样。

生活就像是在大海上航行一样，很有可能在某个情况下就会遭遇到风暴，不知哪里会涌出代表另一股力量的洋流。如果我们能够接受眼前的现实，在某些情况下顺着风向和洋流，可能绕一些道，却也达到了目的。而且在整个过程，人是放松的，可以保全自己的身心。“以柔克刚”，在很早以前这种精神就为人们所推崇。如果一味抗拒，认为最直的路就是最好的路线，勇气、刚毅、坚强就是人性高贵的证明，那么在掀着浪打着漩的大海上面，我们或许牺牲了自己——失败，或许到达目的地之后已经被累得精疲力竭——代价太大。

现实生活中，人们通常情况下都为名所驱，为利所役，为情所困，活得非常得苦非常得累，那么也就更难保持住平淡谦和的心境了！因此，树立起达观思想、乐观生活的随遇而安观念非常的必要。随遇而安并不等同于传统意义上的随波逐流，它包含了更为博大精深的哲学意义。是人与自然、社会和谐共处的切入点，更确切一点来说，随遇而安是一种泰山崩于前而色不变的大气魄，是以不变应万变之人生中的大智慧，是顺应天地之人合境界的大谋略。

三大教派可谓在我国源远流长，对国人的影响更是无与伦比。佛家讲究“因果报应”，儒家主张“中庸处世”，道家则强调“清静无为”，这三者看似风马牛不相及，但我们如果细细品味，就会感觉到三家的教义中无不隐含着随遇而安的观点。

有其因必有其果，有其果必有因，冥冥之中，轮回之间，众生无我，苦乐随缘，既然一切事物都有其既定的数目，那么随遇而安难道不是最明智选择吗？

程颐对中庸处世的解释为：不偏之谓中，不易之谓庸。儒家的处世有出世、人世之分，用一句话概括起来就是：达则兼济天下，穷则独善其身。对于个人价值则是捆绑于社会的这样一个大环境之中，中庸之道与随遇而安观念不谋而合。

对于道家处世，始终坚持修身养性，与世无争，致力于玄学的研究，自然就摆脱了世俗之羁绊，自然而然地选择了随遇而安的处世哲学。

因此，别让利欲蒙蔽我们的美好心灵，也别让声色迷惑我们的明眸，别让烦恼影响我们的情绪，当我们处在患得患失的时候，那么就想一想鲁索的那句名言吧：人来到这个世上是自由的，却无所不在枷锁之中。也许，在这转念间，我们的生活自然就会因此而步入一片坦途，顿然能够悟出随遇而安的妙处！

不要幻想生活总是那么圆圆满满，也不要幻想在生活的四季中享受所有的春天，每个人的一生都注定要跋涉沟沟坎坎，品尝苦涩与无奈，经历挫折与失意。

十五、拥有豁达心胸

在漫漫旅途中，失意并不可怕，受挫也无须忧伤。只要心中的信念没有萎缩，只要自己的季节没有严冬，即使风凄霜冷，即使大雪纷飞。艰难险阻是人生对你另一种形式的馈赠，坑坑洼洼也是对你意志的磨砺和考验。落英在晚春凋零，来年又灿烂一片；黄叶在秋风中飘落，春天又焕发出勃勃生机。这何尝不是一种达观，一种洒脱，一份人生的成熟，一份人情的练达。

这种洒脱人生，不是玩世不恭，更不是自暴自弃，洒脱是一种思想上的轻装，洒脱是一种目光的超前。有洒脱才不会终日郁郁寡欢，有洒脱才不觉得人生活得太累。

懂得了这一点，我们才不至于对生活求全责备，才不会在受挫之后彷徨失意。

懂得了这一点，我们才能挺起刚劲的脊梁，披着温柔的阳光，找到充满希望的起点。

一个人的性格，往往在大胆中蕴涵了鲁莽，在谨慎中伴随着犹豫，在聪明中体现了狡猾，在固执中折射出坚强，羞怯会成为一种美好的温柔，暴躁会表现一种力量与激情，但无论如何，豁达——对于任何人，都会赋予他们一种完美的色彩。

豁达＝承认事实

有一个人，他的性情并不很开朗奔放，但他对待事情几乎从不见有焦躁紧张的时候。这并不是他好运亨通。细细观察体会，会发现他有一些与众不同的反应方式：比如，他被小偷扒走了钱包，发现后叹息一声，转身便会问起刚才丢失的身份证、工作证、月票的补办手续。一次，他去参加电视台的知识大赛，闯过预赛、初赛，进入复赛，正洋洋得意，不料，却收到了复赛被淘汰的通知书。他发了几句牢骚。中午，却又兴致勃勃拜师学起桥牌来。这些，反映出他的一种很本能很根本的思维方式，那就是承认事实。事实一旦来临，不管它多么有悖于心愿，但这毕竟是事实。大部分人的心理会在此时产生波动抗拒，但豁达者，他的兴奋点会迅速地绕过这种无益的心理冲突区域，马上转到下边该做什么的思路上去。事后，人们也的确会发现，发生的不可再改变，不如做些弥补的事情后立刻转向，而不让这些事在情绪的波纹中扩大它的阴影。这堪称一种最大的心理力量。

豁达＝趋乐避害

豁达的人，每每是乐观的人。而所谓乐观，按照某位哲人的说法，就是乐观的人与悲观的人相比，仅仅是因为后者选择了悲观。

豁达的人在遇到困境时，除了会本能地承认事实，摆脱自我纠缠之外，他还有一种趋乐避害的思维习惯。这种趋乐避害，不是为了功利，而是为了保持情绪与心境的明亮与稳定。这也恰似哲人所言：“所谓幸福的人，是只记得自己一生中满足之处的人；而所谓不幸的人，是只记得与此相反的内容的人。”每个人的满足与不满足，并没有太多的区别差异，幸福与不幸福相差的程度，却会相当巨大。

豁达＝自嘲自解

观察分析一个心胸豁达的人，你往往会发现，他的思维习惯中有一种自嘲的倾向。这种倾向，有时会显于外表，表现为以幽默的方式摆脱困境。自嘲是一种重要的思维方式。每个人都有许多无法避免的缺陷，这是一种必然。不够豁达的人，往往拒绝承认这种必然。为了满足这种心理，他们总是紧张地抵御着任何会使这些缺陷暴露出来的外来冲击。久之，心理便成脆弱的了。一个拥有自嘲能力的人，却可以免予此患。他能主动察觉自己的弱点，他没有必要去尽力掩饰。从根本上来说，一个尴尬的局面之所以形成，只是因为它使你感到尴尬。要摆脱尴尬，走出困境，正面的回避需要极大的努力，但自嘲却为豁达者提供了一条逃遁出去的轻而易举的途径——那些包围我的，本来就不是我的敌人。于是，尴尬或困境就在概念上被取消了。

豁达＝游戏精神

豁达也有程度的区别，有些人对容忍范围之内的事，会很豁达，而一旦超出某种极限，他就会突然改变，表现出完全相异的两种反应方式。最豁达的人，则具有一种游戏精神，将容忍限度扩大。

有这样一个故事：一个身经百战、出生入死、从未有畏惧之心的老将军，解甲归田后，以收藏古董为乐。一天，他在把玩最心爱的一件古瓶时，不小心差点脱手，吓出一身冷汗，他突然若有所悟："为什么当年我出生入死，从无畏惧，现在怎么会吓出一身冷汗？"片刻后，他悟通了——因为我迷恋它，才会有忧患得失之心，破了这种迷恋，就没有东西能伤害我了，遂将古瓶掷碎于地。

豁达者的游戏精神，即是如此。既然他把一切视为一种游戏，尽管他同样会满怀热情，尽心尽力地去投入，但他真正欣赏的，只是做这件事的过程，而不是目的——游戏的乐趣在于过程之中。那么，他也就解脱了得失之心的困扰。

一个真正豁达的人，往往能够得而不喜、失而不忧。人把成功荣誉看轻些、看淡些，把厄运羞辱看远些、看开些，就会赢得一个广阔的心灵空间。

[redacted]

线 之四 章

165
页

LINE FOUR

人际交往中的情绪管理

作为社会人，我们就避免不了要与他人接触，与他人交往，与他人合作，由此便产生了人际交往的烦恼和快乐。那么如何来缓解这种人际交往的压力呢？关键在于管理好自己的情绪，善待自己、善待他人。

一、善待别人，懂得宽容

穿梭于人世间茫茫人海之中，面对着一个小小的过失，常常一个淡淡的微笑，一句轻轻的歉语，带来包涵谅解，这是宽容。

“开口便笑，笑古笑今，凡事付之一笑；大肚能容，容天容地，于人何所不容！”这可谓是宽容。

孔子曾说：“躬自厚而薄责于人”，也就是严于律己宽以待人，这也是宽容。

法国文学大师雨果曾说：“世界上最宽阔的是海洋，比海洋宽阔的是天空，比天空更宽阔的是人的胸怀。”他用优美生动的语言对宽容进行了极好的诠释。

宽容是一个令人神圣的字眼，宽容可以说就是一个神圣的概念，宽容应该是一种人类精神。宽容是一种善，是一种美，是一种人性，是一种博大的胸怀与气度！

因此我们说，一旦学会了宽容，那么对别人、对自己都是非常有好处的。综观历史上那些善于妒忌之人，遇到一丁点的小事便开始一度地怨天尤人，这些人纵然学问再怎样好，到最后也会难成大器。周瑜是个卓越的军事家，才能极其出众，足智多谋。可是，在当他得知了诸葛亮的神机妙算后，自知不如，但却不甘落败，于是整天盘算着如何打败诸葛亮。最后在发出了“既生瑜，何生亮”的凄叹之后，落了个吐血身亡的结局。倘若周瑜能宽容大量，我们大家可以想象，他或许就不会有如此的结局！

因此，对于一个人来说就必须学会宽容。多一分宽容，就会多一分理解，多一分信任，就会多一分友爱。宽容地对待别人，我们就会得到退一步海阔天空的喜悦；化干戈为玉帛的喜悦；人与人之间能够做到相互理解的那种喜悦。

“一只脚踩落在了一朵紫罗兰花的上面，紫罗兰却把花香留在了那脚后跟，这就是宽容。”有位心理学家曾说：“人类要开拓健康之坦途，首先就要学会宽容。”在当我们学会了宽容别人的时候，我们就学会了善待别人；在当我们学会了善待别人的时候，我们就享受到了体验快乐的感觉。

宽容能够使人健康乐观地面对眼前的一切。宽容的人心胸宽广，能够以一种积极而乐观的心态和豁达的胸襟来看待周围的一切。宽容的人从来不会为一些鸡毛蒜皮的小事而斤斤计较，也从来不会对别人的过错而大发雷霆，因而这种人更易于沟通交流，这种质量能使你更具有人格魅力，更易于搞好人际关系。美国著名的成功学家卡耐基在他的名著中写道，对全球120名成功人士的调查研究当中，发现他们都有一个共同的特点，那就是能够搞好身边的人际关系，而首先是因为他们拥有一颗宽容的心。名人是如此，平常老百姓更是这样。那些百岁老人健康的身体无不令人羡慕，而他们之所以能够长寿，除了注意保养，有着健康的生活习惯之外，其中更为重要的是他们为人处世都十分的大度，有一种乐观豁达的心态。这使得他们很少有烦恼，一天到晚总是乐呵呵的，神清而气爽，这样自然就可以长寿了。由此我们明白了，宽容能使人幸福。

宽容地对待别人，同时还要做到宽容别人的成功

一个人不能容忍别人的成功，就是不能接纳自己，在耗尽心思阻挠别人前进的时候，实际是在作茧自缚，浪费自己的前程。

玩过计算机游戏“摩托英豪”的人都会有这样的体会：在驾驶摩托的过程中，如果你对赶超你的对手拳脚相向、棍棒相加，肯定会为此而分散了双方的精力、延误时间的同时还会招致对手的打击报复，从而无法取得好名次；唯有不去干扰对手，躲开他们的阻挠，甚至是不理会无理挑衅，才会所向披靡，以至于笑傲江湖。

与此相同的是，在热火朝天的万米竞走赛场上，总会有一些选手对走在前面的人施暗箭、放冷枪，为他们的前进设置无数障碍，优秀选手总是能够躲闪避开，不去理会外界的干扰。结果总是阻挠者远远落后于对手，过早地失去了赢得比赛最终胜利的权利，而全神贯注于努力比赛的人总是取得最后胜利。

其实设置这些障碍的制造者心中都十分的明白，对于阻挠别人前进，遏制别人成功的行为就等于阻挠自己前进，主动放弃自己成功的机会，但是有时为了能够给队友创造出更好的机

会，甘愿做了比赛的陪衬者。生活中的一些人也在充当类似于这样的角色，然而，他们所做的那些只是无谓的牺牲，是在作茧自缚，主动地把自己划入到生活陪衬者的行列之中。

天高任鸟飞，海阔凭鱼跃。面对别人的成功，我们宽容、洒脱一点又如何？如果我们不是选择阻挠，而是选择学习、汲取，那么，别人的成功将是我们成功的铺垫、基石，展现在我们面前的也将是一片更加宽广的天空。

宽容是心胸、境界也是一种美德

宽容是一种博大的心胸，能够包容人世间喜怒与哀乐的心境；宽容是一种境界，能使人生跃上新的平台。宽容是一种美德，宽以待人者，必能豁然大度，笑对人生，即所谓“大肚能容，容天下难容之事”。与具有宽容品性的人在一起，必定会觉得轻松自在，如沐春风。当然，宽容也是有原则的。例如《农夫与蛇》、《东郭先生》早已深刻地教育我们，对有些对象是不能讲宽容的，否则将贻害无穷。而懂得如何区分是否应该宽容，是需要洞察和思辨之智慧的。因此，宽容更是一种人格的成熟。

当别人不小心踩到我们，我们应该摆摆手，说声没关系；当别人弄坏了我们的东西，向我们道歉时，我们也应该宽容地付之一笑。人生如此短暂匆忙，我们又何必把时间浪费在这些不愉快之中呢？

最高境界的宽容就是宽容那些曾经伤害过我们的人

这不是一件容易的事，但是倘若我们这样做了，那么我们就会从中体验到我们自身的富有和强大。而当一个人能够宽容别人时，也必定能够宽容他自己。由于当他对自己充满自信之后，他无须去防御别人。他敢于正视自己的缺点，对一生中所遭受的不可避免的冲突和挫折具有必要的忍耐力。他能够积极地参加丰富多彩的活动，从中克服自己的弱点，使自己不断趋于完善。

如果说宽恕是一种圣洁的力量，那么我们中的大多数人又都不具备这样的仁慈。但原谅那些曾经伤害过自己的人，这样会给你带来一种身心的平和。如果你拒绝忘记那些微不足道的陈年往事所引起的愤怒，你就不能体会到这种平静。

宽恕敌人有时就像镜子反射出你对自己的宽恕一样

宽恕是我们心灵成长的动力，宽恕能治疗一切痛恨，能够增强人际的和谐。不肯宽恕的人大多是自以为聪明的人，但从长远来看，他们并不聪明。记住别人对我们的恩惠，洗去我们的敌人的怨恨，在人生的旅途中才能自由地飞翔。

宽容，它是一种雅量，还是一种风度，学会了宽容，它就能够产生巨大的凝聚力和感染力，同时还可以使人祥和，进而陶冶自身的精神情操，带给你心理上的一片宁静之感觉，它不但能够使你改善自己与社会的关系也可以使自己的心灵得到慰藉。我们应该宽容他人的才华与能力，机遇和观念，甚至还要宽容他人的疏远、冷漠和孤僻，我们既得宽容他人，还得宽容自己，人与人之间要宽容，同学之间、同事之间要宽容，人与自然界之间也要宽容。

宽容别人，也是宽容了自己，给别人一些空间，你获得的将是一整片蓝天。

在正常的人际交往中，当某一件事惹你恼火时，生气是正常的。但是如果你不能控制自己的情绪，任其随意发作，害处可能更多。采取虚心、随和的态度将使你与他人的合作更加愉快。

二、用平静化解矛盾

生活中经常充满了矛盾，这不奇怪。交际活动中如果有了矛盾，情绪控制十分重要。善于控制情绪，可化解矛盾；失去控制，矛盾会更尖锐。心理素质差的人，与人交接，一有矛盾便怒从心中起，恶向胆边生，剑拔弩张，把事情弄得更糟，把本来不大的矛盾激化而无法解决；心理素质好的人，碰到矛盾，即使非常生气，也能强压怒火，控制调整自己的情绪，这样便有利于矛盾的化解，大事化小，小事化无。

如有一个老教师在拟考试题时有了失误，集体阅卷时，一个年轻教师便对试题评头品足，言辞极不驯雅。老教师本来就很内疚，但见年轻人如此给他下不了台，也气不打一处来，结果大吵起来，弄得阅卷工作难以进行。在争吵得不可开交时，组长便让他俩都离开阅卷室。冷静下来后，组长分别找他们两人，心平气和地给他们做工作，特别向年轻教师指出：不该不顾老教师的面子，感情用事；开导年轻教师向老教师道歉。最后，矛盾得以化解。这可以看出，年轻教师心理素质显然较差，出现了问题，不知控制自己的情绪，剑拔弩张，加剧了矛盾；而组长的做法，显然对自己的情绪控制较好，终于化解了矛盾。试想一下，如果组长在两人冲突时，也大发其火，想必事情会弄得不可收拾，难下得了台阶。

我们在与人相处时，不可能事事都一帆风顺，不可能要每个人都对我们笑脸相迎。有时候，我们也会受到他人的误解，甚至嘲笑或轻蔑。这时，如果我们不能善于控制自己的情绪，就会造成人际关系的不和谐，对自己的生活和工作都将带来很大的影响。所以，当我们遇到意外时，就要学会控制自己的情绪，轻易发怒只会造成反效果。

凡是允许其情绪控制其行动的人，都是弱者，真正的强者会迫使他的行动控制其情绪。一个人受了嘲笑或轻蔑，不应该窘态毕露，无地自容。如果对方的嘲笑中确有其事，就应该勇敢地承认，这样对你不仅没有损害，反而大有裨益；如果对方只是横加侮辱，盛气凌人，且毫无事实根据，那么这些对你也是毫无损失的，你尽可置之不理，这样会越发显现出你的人格魅力。

有的人在与人合作中听不得半点“逆耳之言”，只要别人的言辞稍有不恭，不是大发雷霆就是极力辩解，其实这样做是不明智的。这不仅不能赢得他人的尊重，反而会让人觉得你不易相处。采取虚心、随和的态度将使你与他人的合作更加愉快。

美国总统罗斯福年轻时体力比不上别人。有一次，他与人到白特兰去伐树，到晚上休息时，他们的领队询问白天各人伐树的成绩，同伴中有人答道：“塔尔砍倒53株，我砍倒49株，罗斯福使劲咬断了17株。”

这话对罗斯福来说可不怎么顺耳，但他想到自己砍树时，确实和老鼠营巢时咬断树基一样，不禁自己也好笑起来。

因此，在正常的人际交往中，当某一件事惹你恼火时，生气是正常的。但是，如果你不能控制自己的情绪，任其随意发作，害处可能更多。首先使自己的思维混乱，口不择言，以致陷入某种尴尬的境地。其次由于过于激动，会使人在“心不平，气不和”的状况下，说出一些过激的话，做出一些过激的事，事后追悔莫及。在人际交往中有哪些有效的“制怒”招法呢？下面介绍三种办法，请大家试用。

以静制动

当听到别人发表言论态度不友好时，千万不要马上动怒。先让自己的情绪平静下来，以静制动。如果不能控制自己的情绪，听到别人不友好的言论情绪失控，非但不能解决问题，反而会使矛盾激化，甚至引发一连串的不良后果。所以，以静制动的关键是及时调整自己的心态，冷静理智地看待出现的问题。尤其是对待不利于自己的议论，有道是“谁人背后无人论”？当你听到一些不指名道姓的闲言碎语时，你用“置若罔闻，不动声色”的招法去对付，是非常明智的。

以柔克刚

在日常生活中，有可能遇到蛮不讲理的交际对手，在不该大声喊叫的时候，偏偏叫嚣不停，甚至还拍桌子百般刁难威胁，提出无理要求。不过，这类人通常只是虚有其表的“纸老虎”，或者是自视过高，目中无人的偏激人物，只要你冷静沉稳，以柔克刚，是不难对付的。首先，你不能被他的气势汹汹所压倒。其次，也不用与他正面交锋，更不能怒不可遏，针锋相对。要不为所动，用温和、镇定的话语表达自己的观点，当他发现威胁恐吓都无法达到目的时，就会偃旗息鼓，改变态度了。

以德报怨

生活中有时会遇到居心不良者的蓄意报复。这时，你千万不要动怒，在这种情况下发怒只能使矛盾扩大，对解决问题，改善人际关系绝无好处。你可以选择以德报怨的办法，诚恳待人，诚能动人，至少也不至于使关系恶化。在人际交往中，以恶对恶，以牙还牙，是下策；以德报怨，以诚感人，才是上策。

社会生活需要人与人之间建立密切的联系才能得以进行，只有互相尊重，感恩和礼尚往来才能使这种联系保持牢固。学会感谢，也就是在与人的交往中尊重别人，善待别人，珍惜别人的给予，并用发自内心地感谢作为回报。

三、学会感谢别人

说到感谢，也许很多人不以为然，总是自认为谁不会说感谢啊,但是在我们现实的生活当中就有许多人不会说“感谢”二字的！为什么呢？究其原因很简单，就是他（她）自己不想说也不愿意说而已。

学会感谢，是一种平易近人的欣然；是一种虚怀若谷的坦然；是一种胸无城府的悠然；是一种宽以待人的安然；是一种温文尔雅的油然；是一种心明眼亮的恬然；是一种高风亮节的自然。

感谢给你救济的人是那种知恩图报的颖悟；感谢给你扶助的人是那种以德报怨的觉醒；感谢给你方便的人是那种感

恩戴德的深邃；感谢给你开心的人是那种落落大方的雅致；感谢给你快乐的人是那种风度翩翩的凸显！

当别人无偿的帮助了你时，你就要理所当然的学会感谢别人！不要觉得感谢不起什么作用，其实感谢在某个时候与某个场合那是非常值“千金”的呢！你感谢别人一次就会得到别人的回报“感谢”，你感谢别人许多次就会给你许多次的帮助，更重要的是你毫无费力地就得到别人对你的良好印象！当你下次再遇到什么困难的时候，别人首先记的就是这个经常会说感谢的人！感谢了别人，也得到了别人的感谢，这就叫做我们友善的礼尚往来。

养成说感谢的习惯，是你获得人际关系的基石！有了人际关系的基石，你何愁没有好朋友呢？你又何愁没有“一方有难，八方支援”的救兵呢？每当你感谢别人的时候也获取一种巨大的人际关系财富，这是你不须花费金钱就得来的“好人缘的金银财宝”，它给你的一生一世带来的竟是享受不尽的荣华富贵！

感谢也就是一种感恩的心态。在我们的日常生活中，不但要感恩物资上帮助过你的人，也要感恩在精神上鼓励与支持过你的人！感恩后者的支持使你再次地卷土重来，勇往直前！你感恩了，就义无返顾的感恩下去，感恩下去之后你就会得到更多人的感恩！你们良性循环的一直感恩，子子孙孙的学会感恩，那是你相当地感恩的声誉与殷富！

感谢谩骂蔑视、热嘲冷讽过你的人，你今天所取得的成绩那也是他们当时的挖苦与取笑，才让你当头棒喝的清醒过来却处之泰然的一笑了之。从此，你会认识自己的缺点与不足；你会肯定自己的优点与长处；你会创造自己的特技与亮点；你会超越自己的优秀与出色。

感谢曾经绊倒过你的人，是他（她）让你跌倒了就知道马上爬起来，是他（她）让你意识到跌倒了不要做一蹶不振的窝囊废。感谢他们，你的心情会舒畅愉悦许多，也会看开许多事情、抛弃许多烦恼、解开很多苦闷，放下自己的献丑架子，从而得到更多人的理解、信任、尊重、呵护！

你在生活中遇到麻烦、困难或者不幸时，兴许很快能得到他人热心的帮助。对他人的帮助表示由衷的感谢，这是完全应该的，也是人之常情。但是，你得知道如何感谢，这里也是有点讲究的。

第一，要及时而主动地表示感谢，以显示真诚

尽管许多人帮助他人，并不指望着得到回报，但对于受帮助的人来说，一定要及时而主动地表示真诚的感谢。及时，是从时间上说的，待被帮助的事情有了结局后，要马上表示感谢，不能慢吞吞地一拖再拖；主动，是从态度上说的，要找上门去，到对方单位或家里去，不要在对方上你家或在路上偶然遇见时，才忽然想起要感谢一下，才临时抱佛脚地准备。及时主动，说明你对他人的帮助是非常重视的，说明你十分尊重他人的帮助，也说明你是一个性格爽直、懂得人情的人，它有助于进一步加深彼此的感情。

第二，要诚实守信，许下的诺言绝不打半点折扣

有时，为了能尽快解除自己的麻烦或困难，有些人通过新闻媒体或其他形式公开寻求帮助，并许下诺言，一旦帮助成功,给予一定数额的酬谢。这也不失为一种行之有效的方法。但一定要恪守诺言，绝不能说话不算数。不管对方付出的劳动如何，不管对方是出于何种动机，只要确实给你提供了帮

助，就应该不折不扣地兑现。有些人见对方品格高尚，决意不要酬谢，就暗自高兴，把原先许下的诺言心安理得地咽下了；有些人见对方完全是冲着酬谢来的，不但不给自己答应的酬谢，反而指责其动机不纯，没有乐于助人的品德。这两者都是错误的。对品德高尚的帮助者，即使他坚决不要，也可以改变方式，通过其他途径表示感谢；对完全是为酬谢而来的帮助者，其动机固然难言可贵，但如果被帮助者因此而违诺，不肯承担自己应该承担的责任，就更应该受到严厉的指责。

第三，要根据不同的对象，选择恰当的途径和方法

感谢他人的途径和方法是多种多样的，除了物质上的表示之外，还可以通过其他方式。要根据帮助者的身份、职业、性格、文化程度及经济状况等具体情况来选择最恰当的方式，不要以为送值钱的东西就是真诚的感谢，也不要以为无限的夸奖就是感谢。有些人，你送他一笔钱表示感谢，说不定他会很不高兴，甚至认为是对他的侮辱；对有些人，表示感谢的方式也许是你自己的努力学习和工作；对有些人的感谢，最好的方式也许是广为宣传。因此，感谢别人，不能一概而论，要因人而异。

第四，要掌握好感谢的度，力求做到合理与恰当

和做其他事情一样，感谢别人也要掌握分寸，力求适度，过分和不足都有所不妥。过分，或许会让人难以接受，甚至产生怀疑；不足，又会让人觉得不尊重对方的劳动。合理适度，可根据这两方面来确定：一是对方付出的劳动的多少，二是对方的帮助给自己带来的益处（经济的、情感的、名誉的、身体的等），要综合这两个方面，再决定感谢的分量。光从别人付出的劳动或光从给自己带来的益处的某一方面来决定都可能导致失度。因为这两者之间往往不相协调，有的帮助者付出的劳动很小而给被帮助者带来的益处很大，有的也许正相反。

第五，表示谢意是一种感情行为，不能一次性处理

帮助与感谢是一种感情的交流行为，它不同于一般的货款交易。感情是一种值得反复品味的耐久的特殊事物，不能用一手交货一手交钱的那种纯商业手段处理。对方帮助你，这本身就是一种情的表现，对情的回报，除了物质上的必要馈赠之外，最好还应该用同样的情来报答。这样，才能体现出人与人之间的温暖，才能建立更加密切的人际关系。不要以为他帮助了我，我已经酬谢过他了，从此咱们两清了，毫不相干了。假如这样，未免太缺少人情味了。因此，对有些人的帮助，如有必要和可能，可保持长久的联系，让人情之桥永远畅通。

学会让别人保住面子，是人际交往中的一条基本原则。可以说，你能给别人一次面子，就可能会增加一个朋友；你每驳一次面子，就可能推动一个朋友。

四、顾及他人的自尊

自尊心是每一个人都拥有的，无论他是高高在上的一国领袖，还是沿街乞讨的流浪者。然而，在待人处世方面，我们往往是过分地强调了自己的自尊心，而没有考虑到别人的情绪，往往把别人的自尊心踩在了脚底。

尊重他人，是非常重要的交际法则之一。显而易见，没有尊重的交往是不可能持续下去的，只有相互尊重，才能相互认可，体验对方的心情，照顾对方的情绪，让对方乐于接受。

追本溯源，“自尊”问题是“人性”或“人性的弱点”的一种反映。在西方管理理论中，马斯洛的“需要层次论”就把人的基本需要归纳为五类，其中一种较高级的就是“尊重的需要”，即人在社会中有自我尊重、自我评价的愿望。例如，渴望名誉与声望，包括受人赏识、注意或欣赏。没有人愿意被别人伤及自尊，人们总是希望得到肯定和赞美。许多人看着不顺眼就想指责别人，别人一有失误就抓住“把柄”加以“发挥”，似乎这样才能使自己心情舒畅，但谁又能去考虑那些自尊心被深深伤害了的人的感受呢？每个人都有自尊的需要。当别人不理解不信任他时，他的自尊心就会受到伤害，情绪就会受到影响，自身的主动性与积极性就会受到严重的打击。

尊重他人，在中国往往被称为给别人“面子”。有句老话说：“人活一张脸，树活一张皮。”学会让别人保住面子，是人际交往中的一条基本原则。可以说，你每给别人一次面子，就可能会增加一个朋友；你每驳一次面子，就可能失去一个朋友。

在人际交往中，无论在闲聊还是其他各种交流，有些人就是喜欢让别人同意自己的观点，所以当别人提出一个见解后，总是喜欢反驳他人。在一些场合中，比如，谈判、法庭上，争论是很有价值的。但大多数的时候争论是没有太多意义的，甚至是有害的。在一些无关紧要的事情上，你不必争论。比如，A 在谈到他去某一个地方旅游，那里有 8 座佛像，很好玩。这时 B 就说不是 8 座，是 10 座。这个时候两人争论起来，结果闹得不欢而散。

如何避免这种情况：人际交往中，很多事实真相、真理不重要，重要的是给别人留面子。你没有提高他人知识水平的义务，而且你会发现这样做很愚蠢，因为大部分人不领情。试着用“你讲的很有道理，不过我有一点不同看法……”“我很同意你的观点，我还有一些其他意见……”来进行沟通，你就会发现会取得不一样的效果。

面子是人们一种表面上的荣耀感，一种自尊心的满足，面子就是尊严。因此，无论是遇到什么事情，都要学会给别人留点面子。

“面子”是烹饪人际关系大餐中必不可少的作料。以个人

“面子”为基础构成的人际之间的“情面”，甚而可以成为决定人生得意与否和事业成败的杠杆。美国的戴尔·卡耐基在《人性的弱点》中就专门论述过“虚荣心”，提出应如何顾及他人的“面子”。中国人尤其“好面子”，以致成为“特质”，当与中国的民族性及中国自古作为“礼仪之邦”不无关系。

我们每一个人都需要面子，而且都希望自己有面子，有面子就可以被别人看得起，同时也表明了自己的优越感。懂得这个道理，那么以后交友就方便了许多。只要你给朋友留一点面子，朋友自然乐意回报你的面子，从而乐于为你办事。

俗话说得好：“蚁虫遭扇打，只为嘴伤人。”假如你以尖酸刻薄之言讽刺别人的话，只图自己嘴巴一时的痛快，根本不给对方留一点面子，就会引来意想不到的灾祸。人与人之间原本没有那么多的矛盾纠葛，往往只是因为有人逞一时之快，说话不加考虑，伤害了别人的面子，让对方下不来台，心中怎么不燃起一股怒火？有了机会，就会报复，这也是情理之中的事。从古到今，类似这样的事情可以说是不胜枚举。

交朋友，当然是要懂得面子问题。首先就是要懂得怎样给朋友留点面子。如果你自恃自己面子大，不把别人放在眼里，碰上死要面子的朋友，那么就有可能不吃你那一套，甚至可能撕下脸皮和你对着干，这样常会把友情搞糟。

西晋时，钟会去拜访嵇康，遭到冷遇，嵇康当时正在打铁，没空理他，“扬槌不辍，旁若无人”，钟会被大大地驳了一回面子，他吃不消，于是就去报复嵇康。他向司马昭进谗言，让嵇康上了法场，人头落地。

“以牙还牙，以眼还眼”，是人际关系常见的一条准则，无论恩仇，都要回报。老子早就说“来而不往，非礼也”，不但要回报而且回报的级别，往往大于给予者。人敬我一尺，我敬人一丈。同样，你伤了我的面子，我一定要剥了你的皮。

从上面可以明确得知，根本不给朋友留一点面子，自己不仅仅得不到一点好处，还很有可能受到对方的伤害，反而对自己不利。所以，还不如给朋友留足面子，那么在以后就会好说话好办事了。

人世间都是讲究以恩报恩，以怨报怨的。与其伤朋友的面子，当然不如给他一个面子，让他欠你的情，他回报的面子肯定会大于你给他的。滴水之恩，涌泉相报，甚至今生不能报的话，来生做牛做马也要报。

诸葛亮之所以一生追随刘备，正是由于刘备给了他很大的面子。刘备第一次屈身去请，诸葛亮适逢外出；第二次去请，诸葛亮正在睡觉，一直到了第三次，诸葛亮才与他密切交谈。如此大的面子，诸葛亮怎能不以身相报。这位历史上最出名的谋士，被请出山时还是风华正茂的青壮，等他去世的时候，已是萧萧一老翁了。诸葛亮不仅仅全身心地回报了刘备，也回报了他的儿子刘禅的面子，最终死在了战场上。

朋友相交，也要会利用面子

你给朋友面子了，朋友自然而然也要还你面子的，假如你有什么事需要朋友帮忙的话，只要朋友还你一个面子，那么你的事就成了。

假如不给对方留面子，则必然会给对方带来一些伤害的，而被你伤害的那个人将永远不会把你忘记，他绝不会记住你的优点。其实，不伤朋友的面子，不仅是给朋友面子，也是给自己面子。面子换面子,善用面子好办事。这一点非常重要！

而我们却很少想到这一点。我们常常是无情地剥掉了别人的面子，伤害了别人的自尊心，抹杀了别人的感情，却又自以为是。在他人面前呵斥一个小孩或下属，找差错，挑毛病，甚至进行粗暴的威胁，却很少去考虑人家的自尊心。这是很有害的，害人误己。其实，只要冷静地思考一两分钟，说一两句体谅的话，这样就会对别人的态度宽大许多，就能把对别人的伤害减小到极点。那么最终事情的后果也就大不一样了。

在某些时候，得理也要让三分

这也是照顾他人情绪，给别人面子的一种方式。人人都有自尊心和好胜心。在现实生活中，对一些非原则性问题为什么不得理也要让人三分，显示绰约柔顺的君子风度呢？可有些人就是不这样想，对一些小小不然的皮毛问题争得不亦乐乎，非得说上点儿什么，谁也不肯甘拜下风，说着就较起劲来，以至于非得决一雌雄才算罢休，结果大打出手，或者闹得不欢而散。朋友结怨，反目成仇。假如对一些非原则性问题，给朋友一台阶，满足一下朋友的自尊心和好胜心，不但朋友之间的友情得到加深，而且还显示出你的胸襟之坦荡、修养之深厚。

明代洪应明的《菜根谭》中说："攻人之恶，毋太严。要思其堪受；教人以善，毋过高，当使其可以。"

对待朋友的错误，不应当以指责为能事，方法更不能粗野，不能刺伤朋友的自尊心。如果自尊心受到伤害。即使你说的和做的千真万确，别人也是不能心甘情愿地接受，又怎么能达到改过的目的呢？

《呻吟语》中说：“责人贵含蓄”

这句话的意思是指指责他人的过失时，要讲求一点儿策略，最好不要一次把心中要说的话完全表达出来。“指责他人之过。需要稍做保留，不要直接地攻讦，最好采用委婉暗示的比喻，使对方自然地领悟，切忌露骨直方。”“即使是父子关系，有时挨了父亲的骂，也会无法忍受而顶嘴，更何况是别人呢？”父子有血缘关系，无论如何不能割舍，但朋友就不一样了。过激的言辞很可能会断送友谊。因此，“你这话说得太不对了！”“你做的事还不如三岁小孩子！”之类的话最好不要说，要说的话，必须改变语气。

《论语》中有句话：“忠告而善道之，不可则止。”这是交友的学问。意思是对朋友犯错，以诚意提供忠告，如果对方不听，就要中止劝告而暂时观察情况。如果过于啰唆，只会惹得对方厌烦，毫无效果。要不要接受你的忠告，终究要看对方，勉强只会损害友情。

劝说朋友，朋友往往认为自己的意见、想法和做法是正确的，从而与你争辩。你以严密的辩论将对方驳倒固然令人高兴，但未必需要把对方驳得一无是处。因为这样不但对自己毫无好处，甚至有时会适得其反，得不到对方的认可，而且终有一天会自食恶果，受到对方的攻击。那如何劝说朋友改正过失呢？最好的办法是先了解对方的想法，然后在顾及对方颜面的前提下，陈述自己的意见．给对方留有余地。

五、得意不要忘形

与人交往，应保持本色，更应谦虚谨慎，特别是在取得某些成绩或者被人羡慕的情况下，自制便十分重要；如果沾沾自喜、得意之色溢于言表，便会引起别人情绪上的反感。

如有个人最近三喜临门：论文发表，职务晋升，又刚生了个儿子。他自然是踌躇满志，专门去老同学家，言谈中洋洋自得，表情上眉飞色舞，且用教导的口吻对老同学说应该如何如何，不该怎样怎样。弄得老同学脸上无光，心里不快，老同学的妻子脸上有些挂不住，十分生气地出去了，连饭都没做。后来，老同学也不愿跟他再多来往了。其实，此人之失在于不知控制自己的情绪，也不知道照顾别人的情绪。你取得了成绩，老同学知道，本不该大肆张扬；即使老同学不知道而询问，也应该多些谦虚，说得轻描淡写。这样，老同学不但会肃然起敬，而且还会跟你共同高兴呢。

法国思想家孟德斯鸠说："我从不歌颂自己，我有财产，有家世，我花钱慷慨，朋友们说我风趣，可是我绝口不提这些。固然我有某些优点，而我自己最重视的优点，即是我谦虚……"

英国哲学家斯宾塞认为"成功的第一个条件是真正的虚心，对自己的一切敝帚自珍的成见，只要看出与真理的冲突，都愿意放弃。"美国科学家富兰克林说："缺少谦虚就是缺少见识。"所以，人都要懂得谦虚，得意之时一定要注意控制自己的情绪，不可忘形。

一个人要清楚外面是一个非常精彩的世界，但外面又是一个让人特别无奈的世界。因此每个人都应该这样："得意时不要太张扬，失意时不要太悲伤。"

爱因斯坦由于创立了相对论而声名大振。有一次，他 9 岁的小儿子问他："爸爸，你怎么变得那么出名？你到底做了什么呀！"爱因斯坦说："当一只瞎眼甲虫在一根弯曲的树枝上爬行的时候，它看不见树枝是弯的。我碰巧看出了那甲虫所没有看到的事情。"

谦虚不仅是成功的要素，谦虚与内心的平静也是紧密相连的。内心的平静是做人的一种高度的"心眼"。我们越不在众人面前显示自己，就越容易获得内心的宁静，这样，就容易引起别人的认同，得到别人的支持。

真正聪明的人是绝不会滥用优点和荣誉的，他不会等待着去享受荣誉，他会继续努力去做那些需要去做的事。正如俄国科学家巴甫洛夫所谆谆告诫的："绝不要陷于骄傲。因为一骄傲，你就会在应该同意的场合固执起来；因为一骄傲，你就会拒绝别人的忠告和友谊的帮助；因为一骄傲，你就会丧失客观的准绳。"

然而，让事情更糟的是，你在得意时越夸耀自己，别人越回避你，越在背后谈论你的自夸，甚至可能因此而怨恨你。同时，骄傲的人必然妒忌，他喜欢那些依附他的人或谄媚他的人，他对于那些以德行受人称赞的人会心怀嫉恨的，结果，他就会失去内心的宁静，以至于由一个愚人变成一个狂人。

"木秀于林，风必摧之"，失意时敬人，得意时更要敬人。敬人者，人恒敬之。一般来说，失意的人较少攻击性，郁郁寡欢是他们表现得最为普通的一种情绪形态，但别以为他们只是如此。听你谈论了你的得意后，他们普遍会产生一种情绪——怀恨。这是一种转进到心底深处的对你不满的反击。你说得口沫横飞，不知不觉已在失意者心中埋下了一颗炸弹。想想看，这多不值啊。

失意者对你的怀恨情绪多半不会立即显现出来，因为他们此时无力显现，但他们会通过各种方式来泄恨，例如，说你坏话、拉你后腿、故意与你为敌，其主要目的就是要看一看你会得意到什么时候。而最明显的则是疏远你，避免和你碰面，以免再听到你的得意之事，于是，你不知不觉就失去了一个朋友。

不管失意者所采取的泄恨手段对你造成的损伤是大还是小，至少这是你人脉资源上的危机，对你绝不会有好处的。

因此，当你有了得意之事，不管是升了官，发了财，或是一切顺利，切忌在正失意的人面前谈论，如果不知道某人正在失意也就算了，如果知道，绝对不要开口。切忌"在失意人面前谈论得意之事”。

不过有一点你必须注意，就算在座没有正失意的人，但总也有景况不如你的人，你的得意还是有可能引起他们的反感的；人总是有嫉妒心的，这一点你必须承认。

所以，得意时就少说话，这样既敬人又敬己。

做人要懂得谦虚。

在人际交往中要控制自己的情绪，其中分寸感最难把握，疏远了不好，太亲近也会适得其反。如与陌生人的交往，应热情而不失庄重，严肃而不失情趣；奔放中有节制，矜持中含风度。如果热情得使人不安，严肃得令人望而生畏，便会带来不良的后果。

六、把握好交往的分寸

大千世界，芸芸众生。每人都有每人的脾性、世界观和心理特点，因而这世界才显得生机勃勃和多姿多彩。人际交往，是要遵循适度原则的，如果违反了它，就容易引发人际间的不愉快。那么，怎么来把握分寸呢？应该从以下三个方面入手：

好事不要做尽

有位哲人说过："没有交际能力的人，就像陆地上的船，永远到不了人生的大海。"人们学习知识进入社会，了解自我，获得新生和爱情，都是在人际交往中发生的。没有与别人的交往，人类就无法生存。因此，对于每一个人来说，人际交往都是非常重要的。任何事情都需要付出才会有回报。同样，人际交往也需要“投资”。但并非是无限制投资，它也是有一定余地的。

首先，不要对人太好了！好事几乎都被做尽了，也会给你带来意想不到的结果。对一个有劳动能力、理智健全的人来说，独立、付出都是内部的需要。人际关系中如果不能相互满足某种需要，那么，这种关系维持起来就比较困难。在卡耐基成功人际交往思想中，很重要的就是要遵循心理交往中的功利原则。这一原则是建立在人的各种需要（包括精神的、物质的内容）的基础上，即人际交往是满足人们需要的活动。早在1974年，心理学家霍曼斯就曾经提出人与人之间的交往本质上是一种社会交换，这种交换同市场上的商品交换所遵循的原则是一样的，即人们都希望在交往中得到的不少于所付出的。其实何止是得到的不能少于付出的，如果得到的大于付出的，也会令人们心理失去平衡。

而初入社交圈中的人，常犯的一个错误就是“好事一次做尽”，以为自己全心全意为对方做事会使双方关系融洽、密切。事实上并非如此。因为人不能一味地接受别人的付出，否则心理会感到不平衡。

“滴水之恩，涌泉相报”，这也是为了使关系平衡的一种做法。如果好事一次做尽，使人感到无法回报或没有机会回报的时候，愧疚感就会让受惠的一方选择疏远。留有余地，好事不应一次做尽，这也许是平衡人际关系的重要准则。

大学刚毕业的小斌是一家广告公司的设计师，他因刚到公司所以对谁都百般的热心，好事几乎都做尽了，后来却给他带来意想不到的结果。大家都疏远他，不爱理他。他每次热心地帮助人家，大家好像还不乐意，他很困惑。像小斌这样“好事一次做尽”，以为自己全心全意为对方做事会使关系融洽、密切，这其实是进入了一个误区。只有在别人最需要的时候助其一臂之力，才能达到较好的人际效果。

人的心灵都需要一点空间。如果你想帮助别人，而且想和别人维持长久的关系，那么不妨适当地给别人一个机会，让别人有所回报。

玩笑不要过度

人际交往中，偶尔开个得体的玩笑，可以松弛神经，活跃气氛，创造出一个适于交际的轻松愉快的氛围，因而幽默诙谐的人常能受到人们的欢迎与喜爱。但是，玩笑开得不好，则容易适得其反，伤害感情，引起情绪上的反感。所以，开玩笑要掌握好分寸。

(1) 开玩笑要看对象

俗话说："人上一百，形形色色。"人的性格各不相同，和宽容大度的人开点玩笑，或许可调节气氛；和女同学、女同事开玩笑，则要适可而止。男女交往，情绪上太疏离，达不到交际的目的；太近乎，又很容易被人误解。如有一个人有公事，去女同事家商量，他们平日在单位爱开玩笑，但来女同事家，也表现出了过度的热情，说了些叫别人听来肉麻的话：什么打扮入时，发型漂亮，化妆得体，光彩照人等。其丈夫在旁边听了心里很不受用，便冷声冷气地说："如果有公事，请你们在单位商量。现在，我们还有许多家务要做呢！"显然这是在下逐客令。

(2) 开玩笑要看时间和场合

俗话说："人逢喜事精神爽。"开玩笑，最好选择在对方心情舒畅时；当对方因小事生气时，通过开玩笑把对方的情绪扭转过来。同时，在图书馆、医院等要求保持肃静的场合，不要开玩笑；在治丧等悲哀的气氛中，不宜开玩笑。

(3) 开玩笑要注意内容

开玩笑时，一定要注意内容健康，风趣幽默，情调高雅。在社交活动中，忌开庸俗的玩笑。千万不要拿别人的生理缺陷开玩笑，尤其不能以残疾人的生理缺陷取笑。

人际距离要有度

有句古诗说得好，“不识庐山真面目，只缘身在此山中。”庐山乃人间胜境，看不出它的妙处来，是因为身在山中之故。人与自然景观之间的关系尚且如此，人与人之间的关系更是如此。

或许你会有这样的经验和体会：亲密的人际关系经常发生摩擦和矛盾，反倒不及初次交往容易。很多家庭内部常常相互埋怨，正是这种情况的表现。按理说应该是交往得越深就越容易相处，人际关系也越好，可事实上并非如此。这是为什么呢？

其实，这就是因为你忽略了一个“度”的问题。因此，尽管有良好的愿望——希望自己所拥有的人际关系亲密度越高越好，但还必须记住“亲密并非无间，美好需要距离”。

人与人之间需要保持一定的空间距离。任何一个人，都需要在自己的周围有一个自己把握的自我空间，它就像一个无形的“气泡”一样为自己“割据”了一定的“领域”。而当这个自我空间被人触犯就会感到不舒服，不安全，甚至恼怒起来。

一位心理学家做过这样一个实验。在一个刚刚开门的大

阅览室里，当里面只有一位读者时，心理学家就进去拿椅子坐在他或她的旁边。试验进行了整整 80 人次。结果证明，在一个只有两位读者的空旷的阅览室里，没有一个被试者能够忍受一个陌生人紧挨自己坐下。在心理学家坐在他们身边后，被试验者不知道这是在做实验，更多的人很快就默默地远离到别处坐下，有人则干脆明确发问："你想干什么？"

这个实验说明了人与人之间需要保持一定的空间距离。就一般而言，交往双方的人际关系以及所处情境决定着相互间自我空间的范围。美国人类学家爱德华·霍尔博士划分了 4 种区域或距离，各种距离都与对方的关系相关。

相互交往时空间距离的远近，是交往双方之间是否亲近、是否喜欢、是否友好的重要标志。因此，人们在交往时，选择正确的距离是至关重要的。有这样一个小伙子，他爱上了一个姑娘，向姑娘求婚遭到了当众拒绝。姑娘后来恼怒地说："他竟在离我 8 英尺（约 2.5 米）的地方谈这种事。"自然，这种社交距离不是谈婚论嫁的场合。

对人际距离的把握应注意以下几个方面：

要尊重别人的隐私

不论多么亲密的人际关系，也应彼此保留一块内心的空间。人们总以为亲密的人际关系，特别是夫妻之间、父母与子女之间似乎不应当有什么隐私可言，其实，越是亲密的人际关系越是要尊重隐私。

这种尊重表现为不随便打听、追问他人的内心秘密，也不随便向别人吐露自己的隐私。过度的自我暴露虽不存在打听别人隐私的问题，却存在向对方靠得太近的问题，容易失去应有的人际距离。

要有容纳意识

容纳意识要求我们尊重差异，容纳个性，容纳对方的缺点，谅解对方的一般过错。“水至清则无鱼，人至察则无徒”。清澈见底的水里面不会有鱼，过分挑剔的人也不会有朋友。没有容纳意识，迟早会将人际关系推向崩溃的边缘。

要懂得运用距离效应

距离效应是指由于时间的阻隔，彼此间有了距离；一旦把距离缩短，重新相聚，双方的感情将得到最充分的宣泄。

在这里，距离成了情感的催化剂。可见，有时距离的存在也能给人以美的享受。因此，应当培养自己拉开一定距离看他人的习惯，同时也不要时时刻刻把自己的透明度设置为百分之百。内心没有隐秘虽可足显自己的坦荡，但因此失去了应有的人际距离，无形中为以后的人际矛盾种下祸根，这就不是明智之举了。

总而言之，在人际交往中，做任何事都有一个度，正所谓“过犹不及”，任何事都不要做得太过而带来不必要的麻烦。

人们总是喜欢听表扬的话，而厌恶批评的话。这是人们往往都有的共同特性，我们只要把握好了人们的这种心理需求，就能够博得他人的好感和尊重，就能够调动他们的情绪，从而更容易与之相处。

七、用赞美调动情绪

在现实生活中，有些人不讨人喜欢，甚至四面楚歌，主要原因不是大家故意和他们过不去，而是他们在与人相处时总是自以为是，对别人百般挑剔，随意指责，人为地制造矛盾。古人云："快刀割体伤易合，恶语伤人恨难消。"出言不逊者只会自食苦果。只有处处与人为善，严以责己，宽以待人，才会建立与人和睦相处的基础。所以，如果你想成为一个被人喜欢的人，就必须学会衷心地赞美人。

美国著名作家詹姆士有句名言："人性中最本质的愿望，就是希望得到赞赏。"俄国文豪列夫·托尔斯泰说得深刻："称赞不但对人的情绪，而且对人的理智也起着巨大作用。"

上司对下级给予赞美，是对其工作成绩的肯定，能鼓励下级充分发挥主观能动性和聪明才智，再接再厉地取得更大成果；同事对同事、朋友对朋友给予赞美，能使彼此感情更融洽，友情更纯真;夫妻相互赞美，可以增添恩爱、巩固婚姻；父母不失时机、恰到好处地赞美子女，既激励孩子“百尺竿头，更进一步”，又可增强家庭的凝聚力。一个笑容可掬、善于发掘别人优点给予赞美的人，肯定会受到别人的尊敬和喜爱，这种人自然会身心健康，生活、工作也十分惬意。

人总是喜欢被赞美，闻“过”则喜的人是很少的。在现实的生活当中，大部分的人都爱听恭维话，如果恰到好处，他肯定会非常地高兴，并对你产生一定的好感。

当然，赞美与拍马屁并不是一回事，赞美应该是真诚的。真诚的赞美源于内心的“美感”。赞美，讲究的是诚心诚意，真诚的赞美是源于内心的“美感”。所谓赞美，你首先应当知道什么是美，否则怎么能说出美？当然，真诚的赞美别人时，心里会有一种忍不住向往对方并表示钦佩和欣赏的冲动，就好比遇到好事忍不住要开怀大笑，手舞足蹈一样。赞美不应当牵强附会，一定要真情流露，恰到好处才行。

而阿谀奉承、拍马屁，却是言不由衷的。在他“赞美”别人时，心里是冷冰冰的。由此可见，恭维是要注意形式和内容的，要有分寸，不流于谄媚，不自伤人格，只有这样才能算是讨人喜欢的方法。

在谈话中，如果能满足对方在知识、能力、判断力方面的自尊心，也是对对方的一种极好的称赞。

比如你还可以说：“我想，这件事情你一定很了解，请谈谈你的高见。”“你的决策的确很果断。”适当地用此类话赞美对方，可以在双方关系中注入浓厚的人情味。

人人都知道，划一根火柴，能闪亮一个点。然而，如果用一根火柴去点燃一堆火，却能放出比一根火柴大十倍、百倍、千倍，乃至无数倍的亮点。

人有七情六欲，大多数的人喜欢被人赞美，更多的人爱听恭维话。古语说：“好言一句三冬暖，冷语一句夏日寒。”赞美人，假如恰到好处，那么肯定会融洽双方关系，好的开头，会尽快引出好的结果。

当然，赞美不应是无原则的，要有度，大体上它是要与事实相符的。一个长得非常丑陋的人你硬说他长得英俊、一个思想猥琐之人你说他高尚，岂不是讽刺吗？所以，赞美要得体才行。

肯去赞美别人的人，大部分都是一些谦虚、素质高雅、虚心好学之人。也只有这些人才可以时时发现他人身上所具有的美，以及有别于常人之处的美。

赞美人还应注意的是形式与内容相统一，场合与环境的和谐，千万不能有生硬之感，否则就有阿谀奉承，拍马屁之嫌。

适当的赞美，是促进人际关系和谐的润滑剂，但那些令人听了肉麻的阿谀奉承则只会迅速地暴露出一个人的人格与企图，最终会被人鄙视。

对于初次见面的人，最好避免称赞对方的人品或性格，而要称赞他过去的成就、行为等看得见的具体事物

如果赞美对方“你真是个好人”，即使是由衷之言，对方也容易产生“才第一次见面，你怎么知道我是好人”的疑念及戒备心。

不直接称赞对方，而是称赞与对方有关的事情，这种间接赞美在初次见面时比较有效

如果对方是女性，则她的服装和装饰品将是赞美的最佳对象。或许仅仅一句话就能使对方产生找到知己的感觉，很快向你敞开心扉。

要恰如其分地赞美别人不是件很容易的事

如果称赞得不得法，反而会遭到排斥。为了让对方坦然说出心里话，必须尽早发现对方引以为豪、喜欢被人称赞的地方，然后对此大加赞美。在尚未确定对方最引以为豪之处前，最好不要胡乱称赞，以免自讨没趣。当对方对你的赞美表现出良好反应时，就要再次给予赞扬。如果只是点到为止，对方可能会认为是恭维或客套话，而对一件事重复赞美，则能提高它的可信度，让对方觉得你是真心实意地赞美他。总之，赞美也讲求技巧，只要运用得当，必能敞开对方的心扉。

脸部是人的心灵的真实写照。那么微笑就体现了一个人的内心世界，它是一种理解、宽容、信任的信号，给人一种亲切可近的感觉，被人誉为“解语之花，忘忧之草”。因此，我们必须重视微笑在人际交往中的重要作用。

八、以微笑感染情绪

在这个经济高速发展的现代社会里，人们习惯于紧张，并终日在紧张中生活，人们的脸孔，在不知不觉中绷紧了，显得古板而毫无生气！假如你站在戏院门口，留意观察一下那些在闲暇时到戏院看戏的人们，你会发现一件奇怪的现象。本来到娱乐场所去，心情应该是非常轻松愉快的，脸孔是心情的镜子，心情舒泰就会显出自然的微笑！不过，根据观察的结果，将会使你吃惊：在 100 人之中，至少有 85 人以上的脸孔是紧绷着的。

假如在这样的场合里，你能够看到一个轻松、自然的笑容，你的情绪会怎样呢？当然是愉快的吧！

没错，微笑是情绪的感染剂，具有一种影响他人的力量，也具备一种自我暗示的力量。微笑是人的心境、心态的外现，微笑完全源于人健康积极的心态。对他人真诚微笑，同样在培养自己乐观宽容的心态和对生活充满期待的美好精神境界。微笑犹如把真诚和爱心写在脸上。记得在每天出门之前，对着镜子笑一笑，不但整理好了妆容，而且还可以“整理”好自己的心情，以积极自信的心态面对一天的生活。

记得一位商界的成功人士曾说过这样的话，一个人在世界上之所以能做成一点事，有一点成就，就这么一点点奥秘：我给别人一个什么表情，别人就回报我一个什么表情；我给一个怨恨，就得到一个怨恨；我给一个善良的微笑，就得到一个善良的微笑；当你给了千百人一个微笑的时候，千百人回报你的也是千百个微笑。这样，你的人生就成功了。

微笑富有魅力，招人喜爱；微笑被人誉为“解语之花，忘忧之草”。确确实实，微笑可以缩短人与人之间的距离，化解令人尴尬难堪的僵局。

曾经有人说，脸部是人的心灵的真实写照。那么微笑就体现了一个人的内心世界，它是一种理解、宽容、信任的信号，给人一种亲切可近的感觉。因此，我们必须重视微笑在人际交往中的重要作用。那么我们又将如何运用微笑这“神秘武器”来搞好自己的人际关系呢？

第一，即便是微笑，也要运用恰当

一般朋友偶尔在公共场所相遇，点头微笑是最好不过的了。若距离较远，更适于微笑致意，而不应大声喊叫。当你遇到熟悉的面孔时，你的微笑会使对方马上明白你的问候。如果你漠然冷面，那么，对方就会认为你是个高傲的人，这样就会不利于以后你和朋友的交往。

第二，要注意，微笑一定要发自内心

因为真正发自内心的微笑，渗透着自己的情感，表里如一，毫无包装或矫饰的微笑才有感染力，才能被视作“参与社交的通行证”。只有发自内心的微笑才是最美丽的。

有这样一则故事，一位老妇人在希尔心情不好的时候去拜访他，希尔不耐烦地抬起头，他看见的是一张微笑的脸。这张笑脸的力量是那么不可抗拒，希尔立即请她坐下，两人开始了愉快的交谈。交谈中他发现老妇人真的是那么慈祥，她脸上真诚的微笑完全感染了他。发自内心的微笑最具魅力，装出来的微笑是不会长久的，这种微笑给人们的不是享受而是难受。在我们的日常学习生活中应时刻不忘送别人一个微笑。你不妨试想一下，在你即将上“战场”时刻，如果一位朋友冲你做“OK”手势，并冲你鼓励地微笑，你会不会感到一股暖流在心中流淌，而信心百倍全力以赴呢？

如果意识到了这点，你就可以拥有最自然大方，最真诚友善的微笑。而且，世界各民族普遍认同微笑是基本笑容或常规表情。在人际交往中，你只要能常常保持微笑，相信会有很大的作用。

●表现心境良好。常常面露平和欢愉的微笑，说明你心情愉快，充实满足，乐观向上，善待人生，也只有这样的人才会产生吸引别人的魅力。

●说明充满自信。总是面带微笑的人，那就表明对自己的能力有充分的信心，以不卑不亢的态度与人交往，使人产

生信任感，容易被别人真正地接受。

●代表真诚友善。微笑也反映出了自己心底坦荡，善良友好，待人真心实意，而非虚情假意，使人在与其交往中自然放松，这样就会在不知不觉中缩短彼此的心理距离。

同时，微笑也是一种交际上的世界语，微笑是没有国界也没有阶级之别的，在这个世界上，人人都有权利随时浏览并享受别人真心的微笑。达·芬奇的传世名作《蒙娜丽莎》，以画中人含蓄、迷人的微笑在世界人民心中留下了美好的印象，也树立了微笑的经典。但有些青年朋友说，我天生不爱笑，也不会微笑。这样也没关系，因为微笑是可以培养的。日本空姐接受微笑训练，每天练习微笑，最终获得了成功就证明了这一点。而且，微笑反映了一个人的素质和道德风貌，微笑会使你在人群中大放异彩。若人生如书，有了微笑的书籍才会有闪光的主题。

微笑，是一束冬日温暖的阳光，能化解久冻的心湖，让我们在充满爱意的世界里更容易做到心灵的沟通。笑容是一种令人感觉愉快的面部表情，它可以缩短人与人之间的心理距离，为深入沟通与交往创造温馨和谐的氛围。所以，有人把笑容比作人际交往的润滑剂，并认为微笑是最好的礼仪。这真的是很有道理的。

在汽车销售界，吉拉德的笑容可谓是闻名遐迩，享有盛誉。他那不仅用嘴和眼睛而且还要用手臂甚至整个身体发出的笑，很富有感染力。他那宛如婴儿般的笑容是那样的天真无邪，如此地灿烂夺目，令用户无法抗拒，使陌生人成为无话不谈的朋友。我们说笑是他制胜的“武器”，一点也没有夸大其词。有句话是这样说的：当你在笑的时候，整个世界都在笑。要记住，你一脸苦相时，没有人愿意加以理睬。吉拉德这样深情地说，“从今天起，直至你生命的最后一刻，用心去笑吧！”

沟通是人类社会交往的基本过程，如果你不能与人良好的交流，那么自然无法调动别人与你交往的情绪。

九、沟通能缩短距离

人际交往，是一种思想交流活动。无思想的交流，便谈不上交往。而有些人不了解这一点，凡与人交际，守口如瓶，心迹不露，故作深沉。

如某学者，在一次集会上，大家都希望能听听他的见解，可他支支吾吾，顾左右而言他，弄得大家都觉得尴尬。事后，这个学者的朋友对他说："如果你聪明，你的举动很愚蠢；如果你愚蠢，你的做法很聪明。"其意是说，如果真的聪明，因未表现显得愚蠢；如果真的愚蠢，因未露拙而显得聪明。其实，朋友的话是对这个学者的指责，对他的行为表示不满，就这个学者的举动看，实际是对自己情绪控制没把握好。大家相聚，本该畅所欲言，而他却深藏不露，叫人觉得有几分道貌岸然。试想一下，如果某人永远是一付故作深沉的面孔，谁愿意跟他交往呢？

确实如此，沟通是人类社会交往的基本过程，如果你不能与人良好的交流，那么自然无法调动别人与你交往的情绪。在现实生活中，人们沟通最主要的形式是语言的交流。那么该怎样营造和谐的谈话氛围呢？以下四种方法会对制造和谐的气氛很有帮助：

以闲聊作为开场

交谈即使是从无关紧要的闲聊开始，其目的如果是为了使谈话转入正题，那也能发挥出相应的作用来。善于交际的人，能够巧妙地从对方的口中引出有趣的话来。因为在闲聊的过程中，不仅自己的紧张心理能得到消除，而且对方的紧张心理也能得到消除，这样就能很快制造出热烈而又坦率的气氛来。

这种场合，关键是要使对方自然而然地谈论自己。因为在对自己表示关心的问话前，谁都不必煞费苦心去寻找特殊的话题，而只需以自身为话题就行了，所以就很容易开口;而且，在这样的问话面前，人们往往会向对方敞开自己的心扉。

使对方向自己靠拢

在谈话中若能将自己投入进去，谈谈与对方相同的意见和经验，比如说，“我赞成你的观点”、“那个我也喜欢”等。那么，对方就自然而然地会对你感兴趣，而且产生好感。对于赞同自己意见的人，谁都会把他看做是一个提高自己价值和增强自己自信的人，因而自然会对他产生好感，那么良好的气氛就出来了。

像“你这么认为，我可不这么认为”“你的观点是错误的”“你的意见毫无价值”等与他人唱反调的说法，是对他人自尊心的一种威胁。无论谁，也不喜欢接受别人强加在自己头上的观点；即使明确知道对方的话是正确的，也不喜欢自己的观点遭到全面否定的交流方式。从这个意义上说，当你非得反对某个人的观点时，一定得找出某些可以赞同的部分，来为进行对话创造条件。

开动脑筋进行愉快的谈话

当一个人愁眉苦脸地、絮絮叨叨地向你诉说自己生病住进医院后动过哪些手术，动手术时吃过什么样的苦头时，你多半是不会打心眼里表示同情的。另外，当一个人在讲述自己的不幸和破产等不愉快的事情时，尽管详尽到了足以使人产生身临其境之感的程度，可是也只会叫人感到厌烦，而根本不可能使别人理解自己的苦恼。那些令人伤感、郁闷和丧气的话，虽然别人偶尔会听一下，可是如果翻来覆去还是这一套，就没有人要听了。因为一个人出于礼节，有时候虽然会暂时忍受一下由牢骚和怨言所造成的悲剧气氛，但是他毕竟希望摆脱这种气氛，而追求令人心情舒畅的快乐氛围。

不要逗弄或取笑对方

有的人在交际时喜欢逗弄或取笑对方。对方若是年轻姑娘或小孩子，他们更会肆无忌惮。他们认为，逗弄是表达爱的一种方式，但在旁人眼里可不是这么回事，逗弄和取笑，很容易伤害对方的人格和自尊心。即便“半开玩笑”，通常也会使对方受到伤害。如果不是这样，那就成了既非逗弄、亦非取笑的普通谈话。无论谁，都是讨厌被人取笑的。不过，人家若是对他的玩笑认起真来，他又会觉得那人“太一本正经，连玩笑也开不起”，或者以为别人是一个不擅应变的呆瓜。为此，有的人就往往笑容可掬地以玩笑回敬对方。然而，他们的内心并不好受。

总之，如果你掌握了上述方法，那么你对气氛的把握，便有了一定基础，这样也更易使你交到朋友。

在营造了和谐的交谈气氛时，还要注意社交语言的运用。成功的社交语言有很多要素要准确把握，在现代交往中口齿伶俐、说话得体，方便之门就会向你敞开，那么成功社交语言的要素究竟有哪些呢？下面五项是你必须要注意的。

幽默

幽默是现代社交中不可缺少的“润滑剂”，幽默运用得当不但可以活跃气氛，增强人的愉快感受，而且可以加深人与人之间的情感。社交语言中加入了幽默的调料，可以让人觉得醇香扑鼻，隽永甜美。幽默的社交语言有神奇的魅力，它可以为孤僻者增添情趣，可以使欢乐者更加欢愉，可以使苦闷者笑逐颜开，可以使悲伤者破涕而笑。

简洁

简洁的意思是“力求简单明了”，不论用什么方式表达思想，都不要过分地修饰辞藻或堆砌华而不实的词语，因为这样做反倒使沟通发生困难。社交语言要用最自然、最简单的方式进行。即使你学富五车、才高八斗，也大可不必在口头上卖弄，这样很容易失去人缘。社交语言要做到简洁明了，少用形容词是一个秘诀。如果我们过多地堆砌词汇，别人理解起来会很吃力，势必影响沟通和情感交流。相反，社交语言越简洁、越朴实、越生动，别人也就越能理解。

通俗

通俗就是将丰富的内容、深刻的思想、复杂的道理用浅显易懂的语言表达出来，做到深入浅出，易听易懂。通俗的社交语言是通过词语、句式、修辞手法等的综合运用而体现出来的。它要求社交语言中不要有艰涩深奥的生僻字和古词语；不要用大多数人不熟悉的方言；尽量少用专业术语。社交语言应通俗易懂，形象生动，富有生活气息，这样会大大增强语言在社交中的表达效果。

形象

形象即是话中有“画”。也就是要用如画的语言来表达事物，加强语言的形象性，增强语言的魅力。为了能够和善于使用形象化的语言增强社交的感染力，我们必须在掌握语言技巧和丰富知识上下工夫，掌握得越多，我们就越能运用自如。

求同

求同是指说话要切合语境，寻找共同点，具有一定的针对性。我们在社交过程中必须重视交际对象的特点，并依此而选择适当的语言表达形式。我们的社交语言实际上受到个人文化素质、质量习惯、心绪气质等诸多因素的影响，社交中，我们应努力寻找与对方共同的爱好或共同的特点，“投其所好”地与其在语言上沟通，最终达到社交成功的目的。我们可以利用交际对象在语言上的认同心理，卓有成效地开展社交活动。

人际交往中，切勿急躁是控制情绪的最基本的要求。在求人办事时，尤其要控制自己的急躁冲动情绪。

十、控制急躁情绪

常言道："心急吃不了热豆腐。"跟人交往，特别是有求于人，急躁是要不得的。心理素质好的人，欲求于人，一般并不单刀直入，表现出急不可待；而是控制住自己的情绪，尽可能保持平静，选择双方心态达到最佳状态，才似心不在焉地引出自己的欲求。这时，所求之事，成功的可能性便很大。

例如，有两位教师出外学习归来，其中一位刚一见领导，便不假思索地问他们的补助咋办。领导当时正为其他事心烦，对他说，先别急。这个教师嫌领导答应不干脆，便发了火；领导也气不打一处来，大发雷霆，事情便僵了。过了几天，另一个教师见领导这天没事，便去找领导。这个教师刚从外校调来，跟领导并不熟，因而，他先不急提补助的事，而是先谈一些有关学校的其他事，特别提及领导比较得意的一些事；待到领导跟他谈到热乎时，他好像不在意地提出了有关补助的事，领导没有丝毫犹豫便开了绿灯。

一件事，两个人办，前者不知控制自己的情绪，由于急躁，使本无问题的事难以解决，还伤了和气；后者由于善于控制自己的情绪，把已经有了问题的事办得十分妥贴，皆大欢喜。可见人际交往中，切勿急躁是控制情绪的最基本的要求。

那么，在人际交往尤其是在求人办事时，如何控制自己的急躁冲动情绪呢？下面这些方法对你应该有所裨益。

谦虚

在表达有关意思时不用“我”而使用其他比较谦虚的自我称号．以免盛气凌人，令人反感。例如：“晚辈失礼了，这点儿小事还要打搅先生。”

表示谦虚，这也是礼貌交往的一个重要原则，在比较正规的场合，尤其需要如此。

尊重对方

在表达有关意思时，使用指代词等把时间、地点等方面的视点推远。例如：“那种事情用不了你多大劲儿。”细细体会，使用指代词确实比使用近指代词显得婉转一些。

暗示自己非办不可

就是在表达有关意思时把有关规定讲述一下。而不使用直接指明对方的话语。例如："上头规定这事由我负责，所以我非求你不可。"在为公务求人时，陈述规定是一种比较通行的做法。这比以个人的口气发号施令要礼貌得多。在平常规劝人的时候，这种方法有时也适用。

不要做忘恩负义的人

在提出请求、愿望等时，表示自己将对人非常感激，并且会铭记人家所做的一切。例如："如蒙鼎力相助，我们将不胜感激。""你的大恩大德。我们终生不忘。"尊重别人的劳动，特别是重视别人对自己的帮助，这是人际交往的一条重要原则，应该在语言中表达出来。

表达自己左右为难的心态

就是使用自相矛盾的话把有关意思表达出来。例如："我本来不想跟你提这事，可还是提了。"回答人家的问话，有时表示肯定不好，表示否定也不好，使用模棱两可的话比较合适。

用"反语"督促对方办事

使用反语来表示亲密的挪揄、暗暗的责备等，以免话语过分呆板. 令人感到不大自在。例如："你真会开玩笑！"（实际上对方不开玩笑）。"朋友找你帮忙，看你多热心！"（实际上他很冷漠）反语要是使用得当，可以打破僵硬的对话气氛，密切双方关系并显得比较轻松愉悦。

向对方讨个主意

通过反问式修辞问句把有关意思表达出来，以免直陈己见，显得缺乏涵养。例如："我能怎么办呢？"（比较：事情太糟了，我什么办法也没有）在有些语言场合，使用反问式的疑问句确实比直陈胸臆要委婉、得体一些。

间接地表达看法

就是使用含有多种解释的话语，把有关看法间接地表达出来，以免直接与对方产生分歧，例如："这可是一种见仁见智的事情。"（你说好也行，你说不好也行）对某件事发表意见，在不清楚对方观点和态度的情况下，最好不要随意表态。含糊一点儿，灵活一点儿，则可能更好些。

"含沙射影"地说明看法

就是用不点名道姓的办法把有关意思表达出来，以免叫人面子难下。例如："好像有人在上面卡我们。"（比"这事是你干的"要更委婉）在遇到有人故意刁难、请求对方高抬贵手时，不把事情点破，尽量照顾人家的面子，是非常有益的。因为将来很有可能再打交道甚至峰回路转。

将大事简单化

就是使用笼而统之的话把有关建议或要求表示出来，避免吆来喝去，令人反感。叫人做事，有时只要讲讲必要性就可以了。如果加一点儿鼓励的词语，效果则更好。

诉苦以求助的方法

就是使用说半句留半句的方法把有关想法或要求表达出来，做到点到为止。例如："我们公司已经半年没发工资了，你们一下子收这么多卫生费……"直截了当阻止别人做某事是颇为令人恼火的。有时只要把不好的可能性稍带点一点，人家就很明白了。

[redacted]

线之五 章

219
页

LINE FIVE

职业 生涯中的情绪管 理

一提起职场，会引发很多人的感慨，诸如“人在职场，身不由己”、“职场如战场”等。随着这些感受的增多，自然就会产生各种解释和说法。比如什么“职场焦虑症”、“职业倦怠期”、“职场冷暴力”等。那么，应该如何看待并管理好职场中的这些情绪，就成为现代职业人成功驰骋职场的关键。

一、化情绪为动力

情绪如同一把“双刃剑”，在给了我们享受快乐、感动和激情体验的同时，也让我们品尝着失望、焦虑和恐惧。但是，也正是这些情绪的力量让自然万物的生命生生不息，也让每一个人在它的敦促下一直迈着前进的脚步。情绪作为一种人类出生就具有的心理过程，并不是任何时候都产生的，也就是说并不是每个人的必经体验。心理学家的研究证明，只有当人的生理需求、安全需求和归属、爱的需求这三大基本需求被满足之后，人的各种社会情绪才会显现出来。那么我们也可以说，陷入了职场情绪烦恼中的人，是有着更高层次的需求的人，是体会着更高强度的压力的人。

职场作为社会的“缩影”，相对于单纯的“自然情绪”，职场当中的情绪可以称做“社会情绪”。早在达尔文的《人与动物的情感》一书中就提到，人和动物虽然都有情感，但在表达上有明显的不同。动物的情绪是一种自然性的流露，而人类则更强调情绪的道德性。而我们的精神分析大师弗洛伊德也证明了这一点，他认为人类心理的成长是一种走出自我为中心，逐步社会化、现实化的过程。自然情绪的表露只是情感世界中很小的一部分，更多的情绪情感是生存焦虑、嫉妒、愤怒、自我等社会情绪的表达。

所以，既然人类情绪的发展规律如此，社会的规则也是如此制定的。各种成功之士的经验也证明，职场成功的关键就是面对和控制自己情绪的能力。当情绪来临的时候，一个成熟的对自己的情绪有充分感知和识别能力的人，应当学会坦然地接受这些情绪，从而驾驭它，而不是被其控制或是盲目地找各种解释为自己的行为找到懈怠的理由。

那么，当我们每日为了月底的那点银子而殚精竭虑的时候，当我们为了坚守自己座下的那点方寸位置的时候，当我们面对大小老板们日夜考虑的时候，当日复一日机械的工作考验着我们的耐心的时候，各种情绪就如同决堤之水汹涌而来。此时的我们需要如何化情绪为动力呢？

首先，忌采用心理自虐式的消极暗示

心理暗示在生活中的作用已经是无须证明的了，因为暗示就是一种期待。当自己或是他人期待你成为什么样子时，对你就会形成一定的心理暗示，从而真的变成某种样子。大多数人在遇到问题时都希望能对自己的问题找个合理的解释，这是很正常的。但是，往往有这样一些人，一有了某种问题就翻阅各种数据书籍，一定要给自己找到一个合理的说法，从而让自己的情绪和行为表现“合法化”，掩饰自己的软弱和

无助,获得他人的理解和同情。殊不知恰恰是这种盲目“对症”的解释，夸大了自己的症状，消极暗示了自己，使可能简单的问题复杂化。所以，通过心理的自虐来达到一种情绪的释放的方法，是万万不可取的。

其次，静下心来找到压力源

任何不良的情绪都源自一定的压力。而职场又是我们压力来源最多的地方。当我们的情绪出了问题时，先不要急着给自己去找什么合理的解释，而是找一个时间，让自己的心灵安静下来。想想最近有没有让自己很困扰的事件，比如：和老板之间，和同事之间，来自客户，抑或是自己的身体等。如果有明确的事件，那么就针对问题积极面对，如果找不到具体事件，那么就是机体给你发出的“需要休息和松弛”的信号。所以，不同的情况要采取不同的应对措施，才能起到一定的缓解情绪的效果。

最后，找到适合自己的疏导和宣泄方式

现代社会中的人可能对疏导不良情绪的方法知道得很多，但是，也会发现很多方法自己用了并没有什么效果。道理很简单,我们在选择方法的时候一定要注意选择合适自己的。比如，一个内向而沉稳的人，让他在遇到情绪问题时去找个朋友倾诉，那么这样的方法对他而言可能效果是不明显的；而一个性格外向的人，当他遇到问题时，如果告诉他采用写日记或是做瑜伽的方式来放松，那么效果肯定也是事倍功半的。根据自己平时的性格和喜欢做的事情来选择一种适合自己的方法,将不良的情绪进行疏导和宣泄，才能真正达到放松的目的。

如果说“天将降大任于斯人也，必先苦其心智”的话，那么这个苦必然也包含着“情绪之苦”。也只有经历过了这些情绪，你才会发现自己有了一种成就的满足和自我成长的力量。

激情是一种情绪、一种精神状态，是干好各项工作的不竭动力。激情能够创造不凡的业绩，而缺乏激情，很可能一事无成。要想成为一名最好的职业人，干工作就应当有争创一流的志气、百折不挠的勇气、奋力开拓的锐气。只有始终保持奋发向上的精神状态，把高昂的激情投入到工作中去，才能永远保持不断向前、向上的动力，从而创造辉煌的事业。

二、找回工作的激情

相信许多人在刚刚跨入职场之初，不但干劲十足、激情高涨，而且对自己的职业前途的自我期望值也寄予“厚望”；但半年时间不到，也许就会感觉到自己简直与机器人一样，每天是上了班就希望能早点下班，一点也没有原先的激情了。每一次工作中出现的不顺心,就会“鼓励”自己换个工作环境，然而每一次的跳槽结果，反而会使自己的情绪出现一阵低落。热情高涨的工作激情到底“跑”到哪里去了呢？想找回当初工作时的那个激情飞扬的自己吗？你需要做的，就是想办法帮自己找回工作激情！

第一，你需要做的就是设法挖掘前进动力

长时间地在某一环境下工作之后，人们很容易成为技术娴熟的工作骨干，但日复一日地重复相同而琐碎的事务，就有一种被掏空了的感觉，自己无法左右自己的工作。再加上很少得到上级的表扬，或者经常得到不好的评价，这样就很容易会有一种无助感，从而导致工作情绪低落。其实出现这种情绪，主要是因为这些人只知道单一工作，而没有明白自己工作的价值。其实只要在工作中树立起使命感，明确自己要实现一定的价值的话，就能在个人工作中产生持续前进的动力。

“说实话，工作这么长时间了，我也不知道自己到底学会了什么，每天领导要求我做什么事情，就会按照他的要求去交差，从来没有想过这个工作是否适合我，我到底在这个单位能有多大前途；只知道为了生存，我必须在这个单位继续干下去;时间长了，我就对这种机械式的工作方式感到厌倦了，每天都提不起精神，工作对我而言，已经成为平淡无味的东西。”一位职场人士如是说。

很显然这个白领在工作中，根本就没有什么动力，只是在被动地工作，这样自然就会产生一种抵触情绪。其实，只要想象目前就业形势这么严峻，要是在目前岗位上不努力提高自己各方面水平的话，很有可能被那些怀中揣着硕士、博士学历的“后辈”们“抢”了手中的饭碗。看着学弟学妹们“虎视眈眈”的样子，“整天混日子”肯定是死路一条。要想自己救自己，只有迫使自己树立起使命感，以制止自己走下坡路。要是你是一位领导人员，但是当众作报告又是你最心慌的事情，那就每天迫使自己对着镜子练习演讲；要是你是一位业

务销售人员，偏偏自己性格又很内向的话，那就迫使自己每天主动与业务单位进行联系、沟通；要是你是一位网管工作人员,就不得不硬着头皮迫使自己认真学习最新的IT知识……

一旦在工作中树立起使命感，你就会主动地为自己出点儿难题，每天都有难题处理，你自然就会活得充实，坚持不懈下去，你就能发现自己每天都在进步，每天都会感到快乐。

第二，要试着努力去“享受”压力

有些人进入职场后，尽管工作了几年，对工作与社会的适应也基本完成，自己不仅适应了工作的要求，也适应了工作的环境。但随着生活和工作节奏的加快，以及就业形式的日益严峻，总感觉到自己是否应该做到更好一点，或者是总觉得自己的能力是不是还能满足工作的要求？在太大的工作压力之下，人就很容易产生烦躁和倦怠。

要消除心中的压力，关键就是要看自己的心态，如何对待这种压力。许多职场不如意的人总是习惯于把办公室称为地狱，却从未想过，地狱和天堂只是一念之差，而这正取决于自己的心态。不少人采用消极的办法来对待压力,比方说忍受、躲避、掩饰、找借口等，时间一长，你就会发现心情变得莫名的疲惫。消极的办法没有增加你的动力，反而在内心深处耗费了你的能量。也许工作本身并不是玩耍，可如果在紧张的工作间隙，适当地通过玩游戏、搞幽默来放松一下自己的心情，是否感到了减压的轻松呢？有些人喜欢在压力中生活，在压力中迎接挑战，觉得那是一种惬意、满足。但不是每次都有好运气，压力多了会压得自己喘不过气来，久而久之就会损害自己的身心健康。做幸福白领，必须学会心态调整。

第三，要尽力发挥个性，张扬本色

工作步调不断加快，得失之间也变得鲜明无比，情绪的变化常让自己搞得头昏脑晕，稍有心态调整不当，就有可能落入忧郁情绪的恶性循环中。在自己工作情绪不好时，你可以通过各种方法来排除它，跑到室外用自己不满的拳头在受气包上、在墙壁上、在小树上肆意打上几拳的时候，你的心情肯定会变得好起来。可以把自己的得失与朋友倾诉，特别是在坏情绪降临心头时，可以先做做深呼吸、伸伸懒腰，再去找一位知心朋友随便聊聊天，聊天之后你的低落情绪就会不知不觉地被迅速消除掉。多想想自己成功或者美好的时光，回忆过去的辉煌以及别人对自己的赞美，可以改善心中的郁闷。听听自己喜欢的音乐，也是放松自己有效的方法，轻松、明快的乐曲总能带自己到快乐老家，不管情绪有多不好，只要听一下自己喜欢的曲子，顿时就能感受到神清气爽。想办法暂时告别工作中的压力，轻松轻松，不仅便于自己发现生活的乐趣，也能为再次做好工作鼓足干劲。

第四，要努力让环境“新鲜”

陌生的工作环境可以让自己感到好奇、兴奋、新鲜，什么事情都要跃跃欲试，不过逐渐熟悉了工作环境之后，这些心态将渐渐离自己远去，更多体验的是谨慎、见怪不怪、程序化地完成工作任务。长期以来，工作积极性自然下降。为此，你可以想办法为自己创造各种“陌生”环境，让自己好奇、兴奋、新鲜的心态永远存在，让自己感到永远在“变化”；除了工作环境，你可以去外部开辟学习充电的各种不同环境，为自己的进一步发展“充电加油”，比方说积极参加单位或者社会的相关培训，努力地争取在各种场合结识专业人士等。

第五，合理安排精力

善于安排个人精力的人总是感觉到生活是轻松的，工作是愉快的。为了达到这种境界，你应该对所有的工作都做好计划，并在规定的时间内完成。工作结束后，要充分利用自己的闲暇时间，切忌将工作带回家做，尽量将工作时间和生活时间分开。对于个人的进展应该定期进行“标记”，以便让自己明白，目前已经完成了什么，还有什么工作没有完成；对没有完成的任务，应该规划好完成的时间，并在某段时间，合理分配自己的精力，从而使工作、学习、生活、娱乐尽量做到更加有效，而且能够形成自我循环，自我提升。

生活中不如意的事十之八九，工作上遇到不顺心对于职场中人更是家常便饭。当你遭遇不快乐时，你是去刻意地压制它默默承受，还是放弃自己有不快乐的权利而去强作欢颜？

三、释放不快乐的情绪

其实，情绪的潮起潮落，时高时低，都是再正常不过的事情。虽然你无法回避工作上的不快乐，但是你却完全可以让自己以一种积极的心态去承认不快乐，接受不快乐。容许自己不快乐，是释放工作压力，放松心情的较好方式之一。

因此，你首先应该找到影响你情绪的原因。影响你的心情，使你感到不快乐的原因，也许和你的体力有关，也许和你的职业或工作进度有关。总之，不快乐一定有不快乐的原因，但你必须先发现不快乐、承认不快乐，才可能进一步找出可以对症下药的解决方法。有时，你也许会发现，没什么特别的原因但你就是不快乐，那很可能是因为长期疲劳所致，它是在提醒你，应该安排假期去休息放松一下了。事实上，能够感觉自己不快乐的人，比起那些搞不清自己心情状态的人，

更能走出悲伤的阴影。

然后，就要想办法让自己快乐起来。发现自己不快乐，不妨休息一下，容许自己发发呆，少做一点事，等情绪调整过来，重新再做。如果有特殊情况，必须暂时隐藏不快乐的情绪，你可以隐藏，但不要藏得太久。这时，你可以告诉你的家人、朋友此刻的你并不快乐，请他们分担一下，想办法让自己轻松起来。

总之，你要记住，你有不快乐的权利，也有让自己重新快乐起来的义务。当你不快乐时，就没必要逼自己表现出很快乐的样子，那并不能真正缓解、放松你的心情。只有你接受自己不快乐的事实，并及时地释放不快乐的情绪，才能真正让自己快乐起来。

有幅漫画，一位总经理模样的人正在训斥一名职员，职员无奈，便转而训斥他的下属，下属挺火，回家后居然莫名其妙地把气撒在妻子身上，妻子气极，便把受到的委屈一股脑儿发泄在儿子身上，打了儿子一个耳光，儿子恼怒之际，居然飞起一脚踢向小狗，小狗疼得乱蹿，发疯似的冲出门乱咬，结果正好咬着从这儿路过的总经理！需要我们注意的是，这里的职员训斥下属，下属训斥妻子，妻子打了儿子，儿子踢了小狗，便是本文所谓的“释放”。

适度的情绪释放也就像夏天的暴风雨一样，能够净化周围的空气，倾吐胸中的抑郁和苦衷，能缓解紧张情绪。释放情绪的方法很多，可以通过找知己谈心或找心理医生咨询或通过写文章、写信来表达情感。如不能奏效，干脆痛哭一场，哭是宣泄情绪的一个好方法。孩子遇到了伤心事，常常一哭了事。成年人，特别是男子，多以“男儿有泪不轻弹”自居，强忍悲痛而不流出眼泪。据有关资料表明，男子患冠心病、胃溃疡、癌症比女子患病的几率高，同该种男子悲而不能哭的情绪压制有一定的关系。因为悲伤与恐惧等消极情绪会使体内肽和激素含量过高而危害健康，而眼泪能帮助排泄一部分与健康有害的化学物质。

其实，如何释放情绪，可谓一门学问。这里介绍一些适度“释放”的方法，你不妨一试：

在生某人某事气之后，可利用你手中的笔，把这件事的发展经过全部记下来，尽情地一“书”而就，或者写一封言辞尖锐的书信，将对方痛骂一通。然而你必须要记住，这种“信”尽管这样随意书写，但是不可以寄发出去。美国第16任总统林肯就经常用此种方法来宣泄其心中的怒气，他在外面受了别人的气，回到家里之后就写出一封痛骂对方的书信。家人在第二天要为他寄发这封“信”时，他却不让寄出去，其原因是：“写信时，我已经出了气，又何必把它寄出去，从而惹是生非呢！”

同时还不妨痛哭一场

心理学家已经指出：痛哭也是一种自我心理的救护措施，能使不良情绪得以宣泄和分流，痛哭之后心情自然就会比原来畅快许多。

发挥“道具”的作用

这里所说的“道具”，所指的是能够被用来排泄心中怒气之物。日本有一家大公司的总裁，很会让职员尽情地“发泄”，他定做了一个与他身材同样大小的橡胶塑像，让对自己有意见的职员可以对这个形态逼真的塑像尽情拳打脚踢，等“释放”够了，职员也消了气，恢复了心理平衡。生活中我们也可以借鉴此种方法，然而要切记的是不可随意而发，要掌握好时间、场合和对象，否则将成为不正当的方法。

因此，每个人最好去认识了解自己的情绪周期及表征，从而寻找出一个适当的释放方式。同时，释放情绪的时候一定要注意对象、地点、场合与方法要适当，找准渠道。不要像上面那幅漫画所描写的那样，因为自己的不快乐而伤害到其他人。

现实中，并不存在十全十美的职业、上司和工作环境。可能你觉得上司很棒，既具有个人魅力又体贴下属，但工作内容太枯燥乏味。或者你的薪水不算低，但却每天要在上下班路上花费3个多小时。总之，尽如人意是很难达到的。许多年轻人从一个公司跳槽到另一个公司，苦苦寻找他们理想中的工作，但最后他们还是得出如下结论：找到这样工作的概率几乎为零。

四、降低自己的期望值

人生活在现实社会中，就必须学会接受现实。工作中的种种不如意，你必须学着去面对。如果你真的热爱这份工作，或者说这份工作还有值得你去热爱的地方，你就得学会接受它不如意的地方。

如果你以积极乐观的态度把工作干得非常出色，那上司就会相信你是在全身心地迎接挑战。听起来有点太简单了，但事情常常就是这样的。上司为何要提拔一个连基本工作都干不好的人呢？

在努力工作中等待被发现是件焦心的事，但你要理解你的上司。让他烦心的事已经够多了，解决各种各样的问题占

据了他大量的时间。虽然他嘴上不说，但心里很高兴你不给他制造麻烦。此时，你可以给自己点表扬，形成工作满意感的最重要的方法就是无论从事何种行业，你都要以自己的工作为荣。如果每天在你下班时，你都能清楚地告诉自己“今天我干得不错，我又在一定程度上实现了自己的目标，尽管这个目标很渺小。”那么，你就会对自己和你的这份工作感到由衷欣慰。

但是，有些人总会对身边的一切抱有很高的期望，希望一切工作都能顺利开展，随时可以得他人的指导和帮助，工作成果总能被同事、上司认同等。但事实上，如果你对工作的期望值定得过高，变得不切实际而且好高骛远时，你就会让自己不断失望。毋庸置疑，过高的期望总是会与现实不相符，原来你期望的那些美好的东西都将被现实一一击碎。

时常抱有过高期望的人是很难轻松起来的，因为他总是在不断地给自己制造麻烦——身边的同事可能会因此而远离他，因为大多数人都不能认真地对待他不切实际的期望。因为他总是很天真地期望工作按着自己所预想的开展下去，希望每个人都按照他的要求去做，如果他们不做（通常都是如此）他就会感到沮丧不安。

通常把期望降低，即使是一点点，就可以让你的工作与生活变得更轻松一些

当事情成功时，你会更兴高采烈、更快乐、更惊喜，而不是把成功当作理所当然。当你的期望落空时，也不会让自己受到很大的打击。降低期望使你能不再为小事烦恼，也不会在面对争执时慌乱不安，你不会有负面的过度反应，也有能力说出“我会处理这件事的”这类的话。保持镇定的态度

能让你面对混乱，解决问题完成工作。

生活从来就不是简简单单、毫无麻烦的。每个人都会犯错误，人人都会碰到不顺心的事。有时候别人会无缘无故让你受到伤害，有时候不论你赚多少钱，看起来好像永远也不够。有时候电话或计算机总会出状况，让你烦恼不已，以平和心态对待此类事情的发生，不要期望过高，理所应当就应该如你所想，多考虑些不如意情况的发生，当果真发生时，心理落差也不会太多。而且发生，你还要积极面对。

别把期望与完美的标准混为一谈

这并不是要你降低标准或滥竽充数，也不是说人不需要有责任。而是说在你心中预留空间，让坏脾气、错误、过失、困难也有一席之地。与其花太多时间抱怨、担忧失败的事，不如大步跨过去。生活与挑战不会打倒你的，你可以节省精力，准备下一次的再出发。

说得更明白些，尽管工作存在种种不尽如意你仍然会尽力而为，让一切事情井井有条——努力工作、提早计划、恪尽职责、发挥创意、事前准备、找人帮忙、与团队合作。然而，不管你有多努力，生活总是不会完全照你的计划行事的，这是难以避免的事实，你只有将期望降低，才能迎向生活。降低期望，除你对别人、对单位、对金钱、对晋升的种种期望，同时自已又能怀着平和、快乐的心态尽力而为。你就不会再为琐事烦恼，也不再会整天焦虑不安。

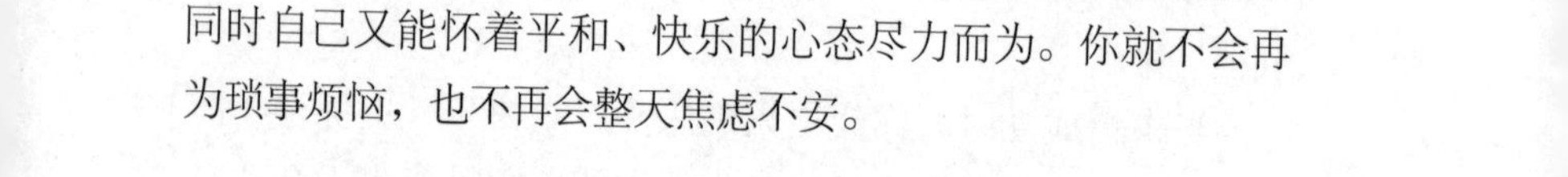

不要经常把工作带回家，弄得自己身心疲惫，只要你能很好地利用时间，你就会比别人多做更多的事，而且处理工作时也感觉轻松，自在多了，你因而更能享受到工作的乐趣。

五、不要让自己太疲惫

你是否整天忙得不可开交，手边总有做不完的工作等着你要去完成，是否你不得不常常把一些工作带回家去做？

如果你经常甚至是每天都把工作带回家，那一定是什么地方出了问题。多数情况下，如果你总是不得不把工作带回家才能完成，是因为你缺乏时间管理，没能有效地利用办公时间，而使你手中的工作越积越多，迫使你使用下班后的时间继续做它。

缺乏时间管理能力的人通常都比较容易感到灰心、愤怒和焦虑，没有多大成就感，整天被处理不完的工作所包围，不能真正地享受生活。而能有效管理时间的人，通常生活得比较轻松，而且享有开心、欢乐的人生，周围的人也因而喜欢他，乐意与其交往。

据英国一家咨询公司调查显示：在5000多名被访的管理者中，超过30%的人一周工作超过50个小时，而不得不将工作带回家处理。这样，回家与在办公室都做着同样的事，使他们从不曾感到轻松、快乐过。

如果你想摆脱一再被忙不完的工作所拖累的坏情绪，你就要学会有效合理地利用办公时间，一方面避免时间的浪费，一方面在同样的时间里尽可能地多做一些工作。要做到这一点，你首先要把你的日常工作，按其轻重缓急来划分一下，然后再去努力做事。

分清工作的轻重缓急

通常情况下，日常工作可分为紧急又重要（如没有最后期限的会议，工作等）、重要但不紧急（如长远规划、建立关系等）、紧急但不重要（如临时插入的电话、邮件等）和既不重要又不紧急（如某些电话、一些琐碎的杂务等）四类。

大多数情况下，你身处第一类。但又被第三、四类的事情所拖累。如果你想有效提升工作效率，减少工作的压力，就应当缩小第一类的工作量，避开第三、四类的工作，而把主要精力放在处理第二类的工作上。这样，许多工作你就可以当天完成，而没必要把它带回家，去影响你的健康和情绪。

学一些尽快做完工作的技巧

比如，你可以在等待上司约见、等电话的那段时间里做一些立即可做的零碎工作。

若有重要的工作急需完成，你应立即停下与你同事的闲聊，赶快安下心来专注地去工作。如果你总是比预计的慢半拍，

你就把表拨快10分钟，不久你就发现这会让你做事比以前更有效率，也更从容了。

看看你的工作计划表，特别要检查一下安排在最后的那些项目是否有必要，如无必要，就把它删去。让思想专注于积极的方向也是提高工作效率的好办法。比如当你的心情越来越糟时，不妨深吸一口气，然后告诉自己已停止这种想象，一切到时再说吧！

在平时，你要学会自我激励，相信自己能做好任何事情，在该休息的时候尽量享受休息的乐趣，工作时再去想那些烦心的事。这样，你的大脑就不会疲于奔命，让自己可以清醒地分析和判断事情，这对于提高工作质量，放松紧张心情是有帮助的。

要牢记，让你的思想专注于更积极的方向，而不是一片混乱。如果你能做到劳逸结合，不再去想那些烦心的事，心情也会随之好起来，你将时时可以充满活力地投入到工作中去。

总之，不要经常把工作带回家，弄得自己身心疲惫，只要你能很好地利用它，你就会比别人多做更多的事，而且处理工作时也感觉轻松、自在多了，你因而更能享受到工作的乐趣。

一个快乐的人总是爱他们所做的工作。一个快乐的工作者通常会具有很强的创造力并且有影响力，容易相处是很好的合作伙伴。

六、学会放松自己

许多人都不容许自己有享受狂热、心情轻快、松弛或快乐的机会——尤其在工作中更是如此。这是很不幸的一种自我否定形态。似乎大多数的人都这样想，如果自己显得很轻松快乐，他人就会设定“某个人很轻松（或快乐）的话，工作一定不努力”这样的逻辑结果，连锁反应就会出现这样的概念:如果一个人看起来很容易满足于现状,没有突破工作“瓶颈”的动机，也不肯更上一层楼。这种人肯定无法在一个竞争激烈的环境中生存。

有些人认为，一个轻松、快乐的人就是没有上进心的人，完全是无稽之谈。相反，一个快乐的人总是爱他们所做的工作。有充分地证据显示,喜欢自己工作的人有较高的成功动机，他们有热忱要做得更好，让自己表现得更精彩。他们都是好